Sora

读懂人工智能新纪元

陈根 著

電子工業出版社
Publishing House of Electronics Industry
北京 • BEIJING

内 容 简 介

2024年初，OpenAI发布了第一款文生视频模型——Sora，其能够生成一分钟的高保真视频，标志着人工智能技术在内容创造领域的一个重要进步。本书以ChatGPT为起点，对OpenAI的一系列行动（发布GPT-4和GPT-4o、开放API和微调功能、上线GPT商店等）进行了细致介绍和分析。除GPT系列和Sora外，本书还对OpenAI的竞品公司进行了介绍和分析，包括头部科技公司谷歌、从元宇宙转向AI的Meta、OpenAI的最强竞争对手Anthropic、马斯克成立的人工智能公司xAI等。书中还对ChatGPT掀起的“百模大战”进行了分析，并对大模型的下一步发展进行了预测。本书文字表达通俗易懂，内容富于趣味，能帮助读者了解人工智能大模型的发展脉络，并在纷繁的信息中梳理出人工智能行业变革以及即将到来的通用人工智能时代的线索。

未经许可，不得以任何方式复制或抄袭本书之部分或全部内容。
版权所有，侵权必究。

图书在版编目（CIP）数据

Sora：读懂人工智能新纪元 / 陈根著. —北京：电子工业出版社，2024.5
ISBN 978-7-121-47827-7

Ⅰ. ①S… Ⅱ. ①陈… Ⅲ. ①人工智能－应用－视频制作 Ⅳ. ①TN948.4-39

中国国家版本馆CIP数据核字（2024）第092330号

责任编辑：秦 聪
印 刷：三河市鑫金马印装有限公司
装 订：三河市鑫金马印装有限公司
出版发行：电子工业出版社
北京市海淀区万寿路173信箱 邮编：100036
开 本：720×1 000 1/16 印张：16 字数：204.8千字
版 次：2024年5月第1版
印 次：2024年5月第1次印刷
定 价：79.80元

凡所购买电子工业出版社图书有缺损问题，请向购买书店调换。若书店售缺，请与本社发行部联系，联系及邮购电话：（010）88254888，88258888。

质量投诉请发邮件至zlts@phei.com.cn，盗版侵权举报请发邮件至dbqq@phei.com.cn。

本书咨询联系方式：（010）88254568，qincong@phei.com.cn。

前　言

PREFACE

当很多人还在适应 GPT 系列人工智能（文中或称 AI：Artificial Intelligence）工具给生活带来的改变时，OpenAI 又打开了新局面。2024 年初，OpenAI 发布了第一款文生视频模型——Sora，能够生成一分钟的高保真视频，一石激起千层浪。

Sora 和 ChatGPT 的诞生让我们看到，技术的发展或许是有迹可循的，但技术的突破节点却难以预测。

2023 年，ChatGPT 风靡全球。其凭借强悍的产品性能，文能写诗，武能编码，上知天文，下知地理，推出仅仅 2 个月后，ChatGPT 的月活跃用户就已经达到 1 亿人次，成为历史上用户数量增长最快的消费类应用。在 ChatGPT 发布后，OpenAI 又陆续推出了 GPT-4 和 GPT-4o。在这一年时间里，OpenAI 还做了许多事情：开放 ChatGPT API 和 GPT-4 API，让产品开发者无须自主研发类 GPT，通过 API 即可进行二次应用；推出 GPT 系列的微调功能，让企业和个人都可以得到专属的 GPT；上线 GPT 商店，不仅壮大了自身的 AI 生态，还扩张了商业化的路径；给机器人装上 GPT 大脑，让机器人得到了智能升级；将 GPT 融入可穿戴硬件，成为“AI 时代的新 iPhone”……

OpenAI 的每一步举措，让以 GPT 为代表的大模型朝着人类社会更进一步。GPT 已然征服了许多行业：微软的 Bing 整合了 GPT-4，带给人们全新的搜索体验；经典办公软件借助 GPT 进行了升级；GPT 成了许多设计师的必备工具；新闻的撰写与传播有了 GPT 的参与；医疗、金融、法律、教育……许多行业都有了 GPT 的痕迹。

Sora 标志着 AI 技术在内容创造领域的一个重要进步。本质上，Sora 就是一个“文生视频工具”，能够根据用户提供的自然语言指令生成高清视频内容。这意味着用户可以通过简单的文本描述，让 Sora 创造出几乎任何场景的视频，从而极大地拓宽了视频内容创作的边界和可能性。但 Sora 又不只是一个“文生视频工具”，它能够理解用户的需求，以及掌握这种需求在物理世界中的存在方式。也就是说，Sora 能够通过学习视频来理解现实世界的动态变化，并用计算机视觉技术模拟这些变化，从而创造出新的视觉内容。Sora 学习的不仅仅是视频，也不仅仅是视频里的画面、像素点，还在学习视频中世界的“物理规律”。Sora 最终是一个通用的“现实物理世界模拟器”，即为真实世界建模。

技术进化的新时代已然开启。从 ChatGPT 到 GPT-4o，再到 Sora，人工智能正在跨越机械逻辑的边界，模拟并延展人类思维维度，从被动响应走向主动理解。本书基于此，以 ChatGPT 为起点，以 GPT 系列的发展为主线，介绍了 ChatGPT 的诞生和爆发，以及 ChatGPT 的真正价值，阐述了 ChatGPT 为什么能开启一个 AI 新时代，这个新时代是怎样的。本书还对 ChatGPT 发布后，OpenAI 的行动（发布 GPT-4

和 GPT-4o、开放 API 和微调功能、上线 GPT 商店等）进行了细致介绍和分析。可以说，OpenAI 已经成为人工智能领域当之无愧的引领者，不仅逐渐形成了一个完善的 AI 应用生态，更是打造出了一条通用人工智能的技术路线。对 OpenAI 的行动和计划有所了解，不仅有助于认识快速更迭的人工智能技术，还将进一步理解这个充满变化的世界。

当然，除 GPT 系列和 Sora 外，本书还对 OpenAI 的竞品公司进行了介绍和分析，包括头部科技公司谷歌、从元宇宙转向 AI 的 Meta、OpenAI 的最强竞争对手 Anthropic、马斯克成立的人工智能公司 xAI 等。书中还对 ChatGPT 掀起的“百模大战”进行了分析，并对大模型的下一步发展进行了预测。本书文字表达通俗易懂、内容富于趣味，能帮助读者了解人工智能大模型的发展脉络，并在纷繁的信息中梳理出人工智能行业变革以及即将到来的通用人工智能时代的线索。

人工智能不仅是当今的科技标签，它所引导的科技变革更是在雕刻着这个时代，为此，我们需要有所准备。

陈根

2024 年春

目　录

CONTENTS

进入大模型时代

1.1 人工智能里程碑

2023 年是属于 ChatGPT 的一年。作为人工智能发展的里程碑，ChatGPT 也是人类科技前进的一大步。

ChatGPT 的出现让人工智能（Artificial Intelligence，AI）向真正“类人”演进，也让人类看到了基于硅基训练智能体的这个设想是可行的。

1.1.1 有目共睹的成功

ChatGPT 的成功是有目共睹的。

从数据表现来看，自 2022 年 11 月底发布，ChatGPT 就以其惊艳的表现迅速征服了世界范围内的广大用户，一跃成为人工智能领域的现象级应用。ChatGPT 发布仅 5 天，注册用户数量就超过了 100 万，当年的脸书用了 10 个月才达到这个“里程碑”。2023 年 1 月末，ChatGPT 月活用户突破 1 亿人次，成为史上用户量增长速度最快的消费级应用程序。

从使用性能来看，ChatGPT 是由 OpenAI 公司发布的新一代的 AI 语言模型，是自然语言处理（Natural Language Processing，NLP）领域中一项引人瞩目的成果。与过去的任何一个人工智能产品都不同，ChatGPT 的“聪明”出人意料。很多人形容它是一个真正的“六边形 AI 战士”——不仅能聊天、搜索、翻译，撰写诗词、论文和代码，还能开发小游戏、作答美国高考题，甚至能做科研、当医生等。国外媒体评论称，ChatGPT 会成为科技行业的下一个颠覆者。

ChatGPT“脱胎”于 OpenAI 在 2020 年发布的 GPT-3。事实上，GPT-3 刚问世时也引起了轰动。GPT-3 展示出了包括答题、翻译、写作，甚至是数学计算和编写代码等多种能力。由 GPT-3 所写的文章几乎达到了以假乱真的程度。在 OpenAI 的测试中，人类评估人员也很难将 GPT-3 生成的新闻与人类所写的新闻区分开，判断准确率仅为 12%。

GPT-3 被认为是当时最强的大语言模型，但 ChatGPT 更加强大。ChatGPT 能进行天马行空的长对话，可以回答问题，还能根据人们的要求撰写各种书面材料，如商业计划书、广告宣传材料、诗歌、笑话、计算机代码和电影剧本等。简单来说，ChatGPT 具备了类人的逻辑、思考与沟通的能力，并且它的沟通能力在一些领域表现得相当惊人，能与人进行堪比专家级的对话。

ChatGPT 还能进行文学创作。比如，给 ChatGPT 一个话题，它就可以写出小说框架。当用户让 ChatGPT 以“AI 改变世界”为主题写一个小说框架时，ChatGPT 清晰地给出了故事背景、主人公、故事情节和结局。如果一次没有写完整，ChatGPT 还能在“提醒”之下继续写作，进行补充。ChatGPT 还具备一定的记忆能力，能够进行连续对话。有用户在体验 ChatGPT 之后评价称，ChatGPT 的语言组织能力、文本水平、逻辑能力令人感到惊艳。甚至已经有许多用户把日报、周报、总结这些文字工作，都交给 ChatGPT 来辅助完成。

普通的文本创作只是基本功能，ChatGPT 还能给程序员编写的代码找错误。2023 年，ChatGPT 竟然让一些程序员下岗了。很多程序开发公司不同程度地引入 ChatGPT——从初级的程序编写，到程序的核查等多个程序开发环节。相关人员在试用后表示，ChatGPT 针对他们的技术问题提供了非常详细的解决方案，比一些搜索软件的回答还要准确。美国代码托管平台 Replit 首席执行官 Amjad Masad 在推特发文称，ChatGPT 是一个优秀的“调试伙伴”，“它不仅解释了错误，而且能够修复错误，并解释修复方法”。

ChatGPT 还敢于质疑不正确的前提和假设，主动拒绝不合理的问题，甚至承认错误以及无法回答一些问题。

凭借超强的性能，ChatGPT 一跃成为人工智能领域的现象级产品。从硅谷科技巨头，到一二级资本市场，对 AI 感兴趣的人都在讨论以 ChatGPT 为代表的技术发展及其所带来的影响。其实，ChatGPT 上线之初，主要还是在 AI 圈和科技圈火热；2023 年春节后，其热度持续升温；2023 年 2 月，关于 ChatGPT 的重要消息明显增多。人们发现 ChatGPT 可以轻松撰写文案、代码，涉猎历史、文化、科技等诸多领域，甚至通过了谷歌三级工程师的面试，该岗位的平均年薪为 18.3 万美元（约 130 万元）。一时间，互联网上铺天盖地的都是关于 ChatGPT 的信息。

2023 年 2 月 2 日，微软宣布旗下所有产品全线整合 ChatGPT。2 月 8 日，由 ChatGPT 支持的新版 Bing（必应）搜索引擎上线，用户可以用自然语言直接向其提问；数字媒体公司 Buzzfeed 计划使用 OpenAI 的 AI 技术来协助创作个性化内容；美国宾夕法尼亚大学称，

ChatGPT 能够通过该校工商管理硕士专业课程的期末考试；OpenAI 宣布开发了一款名为“AI Text Classifier”的鉴别工具，目的是帮助用户分辨文字是否由 ChatGPT 等 AI 工具生成。

同时，从资本市场来看，ChatGPT 的火爆推动了相关 AI 公司股价的增长。回顾 2023 年，引人关注的当属基础算力供应商英伟达，全年累计涨幅近 240%，创上市以来最大年度涨幅。Meta 在炒作元宇宙概念失败后，快速投入到这一轮的人工智能浪潮中，成功挽救了股价，全年累涨超 194%，创上市以来最大年度涨幅。而搭载着 ChatGPT 应用的微软，再次成为市场关注的焦点，全年累计涨幅超 58%，创 1999 年以来最大年度涨幅。

正如比尔·盖茨在接受采访时表示的那样，像 ChatGPT 这样的人工智能的兴起，将与互联网的诞生或个人计算机的发展一样重要。要知道，上一次人工智能行业的热潮发生于 2016 年，当时谷歌公司的 AlphaGo 机器人战胜了人类围棋世界冠军李世石。但之前的人工智能技术获得突破的关注热度都不及 ChatGPT 所引发的热潮，ChatGPT 的出现，使人工智能技术获得的关注热度达到了历史高点，不同于元宇宙出现时带来的概念炒作狂潮，这是一场关于人类社会生产和生活的真正的变革。

1.1.2　类人语言逻辑的突破

ChatGPT 之所以引发了社会层面的震动，关键就在于这是人工智能技术走向真正的智能化的一项突破与应用。人工智能从诞生至今，已经走过了漫长的七十多年。即便这七十多年里，人工智能领域频繁地传来技术突破的消息，但并没有一项突破能真正地将人工智能带进人们的生活。

2016年，由人工智能程序师兼神经科学家戴密斯·哈萨比斯领衔的团队开发的人工智能程序AlphaGo问世，击败了顶尖的人类职业围棋选手李世石，凸显了人工智能快速扩张的潜力，但随后几年，人工智能的发展不温不火。因为从根本上来说，智能算法在类人语言逻辑层面并没有实现真正的突破，可以说，人工智能依然停留在大数据统计分析层面，一旦超出标准化的问题，人工智能就不再智能。也就是说，在ChatGPT之前，人工智能还是停留在机器语言逻辑的世界里，并没有掌握与理解人类的语言逻辑。

因此，在ChatGPT出现以前，市场上的人工智能产品在很大程度上只能对一些数据进行统计与分析，以及做一些具有规则性的听读写工作，擅长的是将事物按不同的类别进行分类，还不具备理解真实世界的逻辑性、思考性。因为人体的神经控制系统非常奇妙，是人类经几万年训练所形成的，可以说，在ChatGPT问世之前的所有的人工智能技术，从本质上来说不是智能的，只是基于深度学习与视觉识别的一些大数据检索而已。正是ChatGPT为人工智能的应用和发展打开了想象空间。

作为一种大型预训练语言模型，ChatGPT的出现标志着自然语言处理技术迈上了新台阶，人工智能的理解能力、语言组织能力、持续学习能力更强，也标志着人工智能生成内容（AI Generated Content，

AIGC）在语言领域取得了新进展，生成内容的范围、有效性、准确度大幅提升。

ChatGPT 嵌入了人类反馈强化学习及人工监督微调，因而具备了理解上下文、连贯性等诸多先进特征。在对话中，ChatGPT 可以主动记忆先前的对话内容，即上下文理解，从而更好地回应假设性问题，实现连贯对话，提升我们和机器交互的体验。简单来说，即 ChatGPT 具备了类人语言逻辑的能力，这种特性让 ChatGPT 能够在各种场景中发挥作用——这也是 ChatGPT 为人工智能领域带来的核心突破。之所以这样评价，是因为语言理解不仅能让人工智能帮助我们完成日常任务，还能辅助人类直面科研挑战，如对大量的科学文献进行提炼和总结，以人类的语言方式，凭借其强大的数据库与人类展开沟通交流。基于人类视角的语言沟通方式，就可以让人类接纳与认可机器的类人智能化。

尤其是在当今的科技大爆炸时代，个人凭自己的力量不可能紧跟科学的发展。如今在地球上，一天产生的信息量等于人类有文明记载以来至 21 世纪的知识总量，人类凭借大脑已经无法应对、处理、消化海量的数据，急需新的解决方案。

比如，在医学领域，每天都有数千篇论文发表。哪怕是在自己的专科领域内，目前也没有哪位医生或研究人员能将这些论文都读遍。但是如果不阅读这些论文，不去了解最新的研究成果，医生就无法将理论应用于实践，从而导致临床使用的治疗方法日益陈旧。如果有一个能对大量医学文献进行自动合成的人工智能产品，就会造福人类。ChatGPT 就是这样的一种解决方案。

ChatGPT之所以被认为具有颠覆性，核心原因在于其具备了理解人类语言的能力。此前，我们几乎想象不到，基于硅基的智能有一天能够真正被训练成功，它不仅能够理解人类的语言，还可以用人类的语言表达方式与人类开展交流。

1.2 从ChatGPT到Sora的大模型技术路线

文能写诗、武能编码，上知天文、下知地理，ChatGPT在多个方面的能力都远超人们的预期。聪明又强大的背后，离不开技术的支撑，那么，支撑ChatGPT及Sora的技术，与过往相比，有什么特殊之处？

1.2.1 ChatGPT是如何炼成的

强悍的功能背后，技术并不神秘。本质上，ChatGPT是一个出色的NLP新模型。说到NLP，大多数人先想到的是Alexa和Siri这样的语音助手，因为NLP的基础功能就是让机器理解人类的输入，但这只是技术的冰山一角。NLP是人工智能和机器学习的子集，专注于让计算机处理和理解人类语言。虽然语音是语言处理的一部分，但NLP更重要的进步在于它对书面文本的分析能力。

ChatGPT是一种基于叫做Transformer的变换器模型的预训练语言模型。它通过庞大的文本语料库进行训练，学习自然语言的知识和语法规则。在被人们询问时，它通过对询问的分析和理解生成回答。Transformer 模型提供了一种并行计算的方法，使得 ChatGPT 能够快速生成回答。

Transformer 模型又是什么呢？这就需要从 NLP 的技术发展历程来看，在 Transformer 模型出现以前，NLP 领域的主流模型是循环神经网络（Recurrent Neural Network，RNN），再加入注意力机制（Attention）。循环神经网络的优点是，能更好地处理有先后顺序的数据，如语言。注意力机制就是将人的感知方式、注意力的行为应用在机器上，让机器学会去感知数据中重要的和不重要的部分。比如，当人工智能产品识别一张动物图片时，最应关注的是图片中动物的面部特征，包括耳朵、眼睛、鼻子、嘴巴，而无须过于关注背景信息。可以说，注意力机制让人工智能拥有了理解的能力。

但是，“RNN + Attention”模式会使整个模型的处理速度非常慢，因为 RNN 是逐词处理的，并且，在处理较长序列，如长文章、书籍时，存在模型不稳定或者模型过早停止有效训练的问题。

于是，2017 年，谷歌大脑团队在神经信息处理系统大会上发表了一篇名为 *Attention is All You Need*（《自我注意力是你所需要的全部》）的论文，表示“不要 RNN，而要 Attention”。该论文首次提出了基于自我注意力机制（Self-attention）的（Transformer）模型，并首次将其用于 NLP。相较于此前的 RNN 模型，2017 年提出的 Transformer 模型能够同时进行数据计算和模型训练，训练时长更短，并且训练得出的模型可用语法解释，也就是模型具有可解释性。

这个最初的 Transformer 模型一共有 6500 万个可调参数。谷歌大脑团队使用了多种公开的语言数据集来训练这个最初的 Transformer 模型。这些语言数据集包括 2014 年英语—德语机器翻译研讨班数据集（有 450 万组英德对应句组），2014 年英语—法语机器翻译研讨班数据集（有 3600 万组英法对应句组），以及宾夕法尼亚大学树库语言数据集中的部分句组（分别取了库中来自《华尔街日报》的 4 万个句子，以及另外的 1700 万个句子）。而且，谷歌大脑团队在文中提供了模型的架构，任何人都可以用其搭建类似架构的模型，并结合自己拥有的数据进行训练。

经过训练后，这个最初的 Transformer 模型在翻译准确度、英语句子分析等各项评分上都达到了业内第一，成为当时最先进的大语言模型。ChatGPT 使用了 Transformer 模型的技术和思想，并在其基础上进行扩展和改进，以更好地适用于语言生成任务。

1.2.2　大模型技术路线的胜利

正是基于 Transformer 模型，ChatGPT 才有了今天的成功，而 ChatGPT 的成功，也是大模型技术路线的胜利。

这个只有注意力机制的 Transformer 模型不再是逐词处理，而是逐序列处理，并且可以并行计算，所以计算速度大大加快，使训练大模型、超大模型、超巨大模型成为可能。

于是，OpenAI 公司开发了 GPT-1，在当时是前所未有的大语言模型，有 1.17 亿个参数。其开发目标只有一个，就是预测下一个单词。

如果说过去只是遮住句子中的一个词，让 AI 根据上下文“猜出”那个词，进行完形填空，那么 GPT 要做的，就是“猜出”后续的词，甚至形成一篇通顺的文章。

事实证明，基于 Transformer 模型和庞大的数据集，GPT 做到了。OpenAI 使用了经典的大型书籍文本数据集进行模型预训练。该数据集包含超过 7000 本从未出版的书，涵盖冒险、奇幻等类别。在预训练之后，OpenAI 针对问答、文本相似性评估、语义蕴含判定及文本分类这 4 种语言场景，使用不同的特定数据集对模型进一步训练。最终形成的模型在这 4 种语言场景下都取得了比基础 Transformer 模型更优的结果，成为新的业内第一。

2019 年，OpenAI 公布了一个具有 15 亿个参数的模型：GPT-2。该模型架构与 GPT-1 原理相同，主要区别是 GPT-2 的规模更大。不出意料，GPT-2 模型刷新了大语言模型在多项语言场景中的评分纪录。

而 GPT-3 的整个神经网络更是达到了惊人的 1750 亿个参数。除规模大了整整两个数量级外，GPT-3 与 GPT-2 在模型架构上没有本质区别。不过，就是在如此庞大的数据训练下，GPT-3 模型已经可以根据简单的提示自动生成完整的、文从字顺的长文章，让人几乎不能相信这是机器的作品。GPT-3 还会写程序代码、创作菜谱等几乎所有的文本创作类任务。

特别值得一提的是，在 GPT 诞生的同期，还有一种火爆的语言模型，即 BERT。BERT 是谷歌基于 Transformer 所做的一种双向的语言模型，通过预测屏蔽子词进行训练——先将句子中的部分子词屏蔽，再令模型去预测被屏蔽的子词，这种训练方式在语句级的语义分析中取得了极好的效果。BERT 模型还使用了一种特别的训练方式——先预训练，再微调，这种方式可以使一个模型适用于多个应用场景。这使得 BERT 刷新了 11 项 NLP 任务处理的纪录，引发了众多 AI 研究者的跟随。

面对 BERT 的火爆，OpenAI 依然坚持做生成式模型，而不是去做理解，于是就有了后来的 GPT-3 和今天的 ChatGPT。

从 GPT-1 到 GPT-3，OpenAI 用了两年多时间，证明了大模型的可行性，参数规模从 1.17 亿飙升至 1750 亿，也似乎证明了参数越多，人工智能的能力越强。因此，在 GPT-3 成功后，包括谷歌在内的公司竞相追逐大模型，参数量高达惊人的万亿甚至十万亿规模，掀起了一场参数竞赛。

但这个时候，反而是 GPT 系列的开发者们冷静了下来，没有再推高参数量，而是又用了近两年时间，花费重金，用人工标注大量数据，将人类反馈和强化学习引入大模型，让 GPT 系列能够按照人类价值观优化数据和参数。

这也让我们看到一点，那就是 ChatGPT 的突破可以说是偶然的，同时也是必然的。偶然性在于 ChatGPT 的研发团队并没有预料到自己要研究的技术方向，在经历多次的参数调整与优化之后，模型取得了类人的语言逻辑能力。因此这种偶然性就如同技术的奇点与临界点被突破一样。必然性在于 ChatGPT 团队在自己所选择的基于 NLP 神经网络的技术方向上持续地深入与优化，每一次的参数优化都是几何倍数级的，这种量变的积累必然会带来质变的飞跃。

1.2.3　Sora=扩散模型+Transformer 模型

对于 Sora 的工作原理，OpenAI 发布了相关的技术报告，标题为《作为世界模拟器的视频生成模型》。可见，OpenAI 对于 Sora 的定位是世界模拟器，也就是为真实世界建模，模拟现实生活中的各种物理状态，而不仅仅是一个简单的文生视频工具。也就是说，Sora 模型的本质，是通过生成虚拟视频来模拟现实世界中的各种情境、场景和事件。

技术报告中提到，研究人员在大量的不同持续时间、分辨率和纵横比的视频和图像上联合训练了以文本为输入条件的扩散模型，同时，引入了 Transformer 模型，该模型对视频的时空序列包和图像潜在编码进行操作。研究结果表明，通过扩大视频生成模型的规模，有望构建出能够模拟物理世界的通用模拟器，这无疑是一条极具前景的发展道路。

简单而言，Sora 就是一个基于扩散模型，再加上 Transformer 模型的视觉大模型——这也是 Sora 的创新所在。

事实上，过去十年，图像和视频生成领域有了巨大发展，涌现出了多种不同架构的生成方法，其中，生成式对抗网络（Generative Adversarial Network，GAN）、StyleNet 框架路线、Diffusion 模型（扩散模型）路线以及 Transformer 模型路线是最突出的 4 条技术路线。

GAN 由两个部分组成：生成器和判别器。生成器的作用是创造出看起来像真实图片的图像，而判别器的作用是区分真实图片和生成器产生的图片。这两者进行竞争，最终生成器能够产生越来越逼真的图片。虽然 GAN 生成图像的拟真性很强，但是其生成结果的丰富性略有不足，即对于给定的条件和先验，它生成的内容通常十分相似。

StyleNet 的框架路线是基于深度学习的方法，使用神经网络架构来学习键入语言和图像或视频特征间关系。通过学习样式和内容的分离，StyleNet 能够将不同风格的图像或视频内容进行转换，实现风格迁移、图像/视频风格化等任务。

Diffusion 模型（扩散模型）路线则是通过添加噪声并学习去噪过程来生成数据的。连续添加高斯噪声来破坏训练数据，然后通过学习反转的去噪过程来恢复数据，扩散模型就能够生成高质量、多样化的数据样本。举个例子，假如我们现在有一张小狗的照片，可以一步步给这张照片增加噪点，让它变得越来越模糊，最终会变成一堆杂乱的噪点。假如把这个过程倒过来，对于一堆杂乱无章的噪点，我们同样可以一步步将它们去除，把其还原成目标图片，扩散模型的关键就是学会逆向去除噪点。扩散模型不仅可以用来生成图片，还可以用来生成视频。比如，扩散模型可以用于视频生成、视频去噪等任务，通过学习数据分布的方式生成逼真的视频内容，提高生成模型的稳定性。

Transformer 模型我们已经很熟悉了，其是一种能够理解序列数据的神经网络架构，通过自我注意力机制来分析序列数据中的关系。在视频领域，Transformer 模型可以用于视频内容的理解、生成和编辑等任务，通过对视频帧序列进行建模和处理，实现视频内容的理解和生成。相比传统的循环神经网络，Transformer 模型在长序列建模和并行计算方面具有优势，能够更好地处理视频数据中的长期依赖关系，提升生成视频的质量和效率。

Sora 采用的其实就是 Diffusion 模型（扩散模型）和 Transformer 模型的结合——Diffusion Transformer 模型，即 DiT。

基于 Diffusion 和 Transformer 结合的创新，Sora 首先将不同类型的视觉数据转换成统一的视觉数据表示（视觉块），然后将原始视频压缩到一个低维潜在空间，并将视觉表示分解成时空块（相当于 Transformer Token），让 Sora 在这个潜在空间里进行训练并生成视频。接着做加噪去噪，输入噪声视觉块后，Sora 通过预测原始“干净”的视觉块来生成视频。

OpenAI 发现，训练计算量越大，样本质量就会越高，特别是经过大规模训练后，Sora 展现出模拟现实世界某些属性的“涌现”能力。这也是为什么 OpenAI 把视频生成模型称作“世界模拟器”，并总结说持续扩展视频模型是一条模拟物理和数字世界的希望之路。

1.3　通用 AI 之门，已经打开

可以说，有着通用人工智能雏形的 ChatGPT，所获得的成功更是一种工程上的成功，ChatGPT 证明了大模型路线的胜利，在 ChatGPT 之后诞生的性能更强悍的 GPT-4、能够直接文生视频的 Sora 都延续了大模型的技术路线——让人工智能完成了从 0 到 1 的突破，走向真正的通用人工智能时代。

1.3.1 狭义 AI、通用 AI 和超级 AI

基于 AI 能力的不同，我们可以把 AI 大致归为三类，分别是狭义 AI（Artificial Narrow Intelligence，ANI）、通用 AI（Artificial General Intelligence，AGI）和超级 AI（Artificial Super-intelligence，ASI）。

到目前为止，我们所接触的 AI 产品大都还是 ANI 的。简单来说，ANI 就是一种被编程来执行单一任务的人工智能——无论是下棋，还是分析原始数据以撰写新闻报道。ANI 也就是所谓的弱人工智能。值得一提的是，虽然有的人工智能产品能够在国际围棋比赛中击败世界围棋冠军，如 AlphaGo，但这是它唯一能做的事情，如果你要求 AlphaGo 找出在硬盘上存储数据的更好方法，它就会茫然无措。

我们的手机就是一个小型 ANI“工厂”。当我们使用地图应用程序导航、查看天气、与 Siri 交谈或进行许多其他日常活动时，我们都在使用 ANI。

我们常用的电子邮件垃圾过滤器是一种经典的 ANI 工具，它拥有加载关于如何判断什么是垃圾邮件、什么不是垃圾邮件的智能，然后可以随着我们的特定偏好获得经验，帮我们过滤掉垃圾邮件。

在我们的网购背后，也有 ANI 的工作。比如，当你在电商网站上搜索产品，然后却在另一个网站上看到它是“为你推荐”的产品时，会觉得毛骨悚然。而逻辑就是一个个 ANI 系统网络，它们共同工作，相互告知你是谁，你喜欢什么，然后使用这些信息来决定向你展示什么。一些电商平台常常在主页显示“买了这个的人也买了……”，这也是一个 ANI 系统，它从数百万名顾客的行为中收集信息，并综合这些信息，巧妙地向你推销，这样你就会买更多的东西。

ANI 就像计算机发展的初期，人们最早设计电子计算机是为了代替人类计算者完成特定的任务。而艾伦·图灵等数学家则认为，我们应该制造通用计算机，可以对其编程，从而让它完成不同的任务。于是，曾经在一段过渡时期，人们制造了各种各样的计算机，包括为特定任务设计的计算机、模拟计算机、只能通过改变线路来改变用途的计算机，还有一些使用十进制而非二进制工作的计算机。现在，几乎所有的计算机都满足图灵设想的通用形式，我们称其为“通用图灵机”。

市场的力量决定了通用计算机才是正确的发展方向。如今，即便使用定制化的解决方案，如专用芯片，可以更快、更节能地完成特定任务，但更多时候，人们还是更喜欢使用低成本、便捷的通用计算机。

这也是今天 AI 即将出现的类似的转变——人们希望 AGI 能够实现，其能够对几乎所有的东西进行学习，并且可以执行多项任务。

与 ANI 只能执行单一任务不同，AGI 是指在不特定编码知识与应用区域的情况下，应对多种甚至泛化问题的人工智能技术。虽然从直觉上看，ANI 与 AGI 是同一类的，都只是一种不太成熟和复杂的实现，但事实并非如此。AGI 将拥有推理、计划、解决问题、抽象思考、理解复杂思想、快速学习和从经验中学习的能力，能够像人类一样轻松地完成所有这些事情。

当然，AGI 并非全知全能。与任何其他智能存在一样，根据所要解决的问题，其需要学习不同的知识内容。比如，负责寻找致癌基因的 AI 算法不需要识别面部的能力；而当同一个算法被要求在一大群人中找出十几张脸时，它就不需要了解任何有关基因的知识。AGI 的实现仅仅意味着单个算法可以做多件事情，而并不意味着它可以同时做所有的事情。

但 ASI 又与 AGI 不同。ASI 不仅要具备人类的某些能力，还要有知觉，有自我意识，可以独立思考并解决问题。虽然两个概念似乎都对应着人工智能解决问题的能力，但 AGI 更像是无所不能的计算机，ASI 则超越了技术的属性成为类似“穿着钢铁侠战甲的人类”。牛津大学哲学家和领先的人工智能思想家尼克·博斯特罗姆就将 ASI 定义为“一种几乎在所有领域都比最优秀的人类更聪明的智能，包括科学创造力、一般智慧和社交技能”。

1.3.2 ChatGPT 的通用性

自人工智能诞生以来，科学家们就在努力实现 AGI，具体可以分为两条路径。

第一条路径就是让计算机在某些具体任务上超过人类，如下围棋、检测医学图像中的癌细胞。如果计算机在执行一些困难任务时的表现能够超过人类，那么计算机最终就有可能在所有的任务中都超越人类。通过这种方式来实现 AGI，AI 系统的工作原理以及计算机是否灵活就无关紧要了。

唯一重要的是，这样的人工智能计算机在执行特定任务时比人工智能计算机更强大，并最终超越人类。如果最强的计算机围棋棋手在世界上仅仅位列第二名，那么它也不会登上媒体头条，甚至可能被视为失败者。但是，计算机围棋棋手击败世界顶尖的人类棋手就会被视为一个重要的进步。

第二条路径是重点关注 AI 的灵活性。通过这种方式，人工智能就不必具备比人类更强的性能。科学家的目标就变成了创造可以做各种事情并且可以将从某个任务中学到的东西应用于另一个任务的机器。

之所以说 ChatGPT 打开了 AGI 的大门，正是因为 ChatGPT 具备了前所未有的灵活性。虽然 ChatGPT 的定位是一款聊天工具，但不同于过去那些智能语音助手，除聊天外，ChatGPT 还可以用来创作故事、撰写新闻、写代码和查找代码问题等。

事实上，按照是否能够执行多项任务的标准来看，ChatGPT 已经具备了 AGI 的特性——ChatGPT 被训练来回答各种类型的问题，能够适用于多种应用场景，可以同时完成多个任务，其性能在开放领域已经达到了不输于人类的水平，在很多任务上甚至超过了针对特定任务单独设计的模型。这意味着它可以更像一个通用的任务助理，能够和不同行业结合，衍生出很多的应用场景。

可以说，ChatGPT 已经不是传统意义上的聊天工具，而是呈现出以自然语言为交互方式的 AGI 的雏形，是走向 AGI 的一块可靠的基石。而在 ChatGPT 之后相继诞生的更强大的 GPT 版本和具有极强的多模态能力的 Sora，更是通往 AGI 时代的重要突破。

不仅如此，OpenAI 还开放了 ChatGPT API 和微调功能。就像计算机的操作系统一样，Windows 和 iOS 是目前两种主流的移动操作系统，而 ChatGPT API 和微调功能的开放，也为 AI 应用提供了技术底座。也就是说，产品开发者们可以在 GPT 的技术平台上构建符合自己要求的各种应用系统，使之成为更加称职的办公助手、智能客服、外语译员、家庭医生、文案写手、编程能手、职业顾问、置业顾问、私人律师、面试考官、旅游向导、创意作家、财经分析师等——这也为 AGI 的诞生以及由此对有关产业格局的重塑、新的服务模式和商业价值的创造，开拓了无限的想象空间。

进击的 ChatGPT

2.1 ChatGPT 的进阶之路

ChatGPT 只是通用 AI 时代的一个起点，显然，ChatGPT 的开发者们不会止步于此——ChatGPT 爆火后，所有人都在讨论，人工智能下一步会往哪个方向发展。人们并没有等太久，在 ChatGPT 发布三个月后，OpenAI 推出新品 GPT-4，再次点燃了人们对人工智能的想象。

2.1.1 更强大的 GPT 版本

实际上，在大多数人都惊叹于 ChatGPT 强悍的能力时，却鲜有人知道，ChatGPT 其实只是 OpenAI 匆忙推出的测试品。

据美国媒体报道，2022 年 11 月中旬，OpenAI 员工被要求快速上线一款被称为“Chat with GPT-3.5”的聊天工具，时限为两周后免费向公众开放。这与原本的安排不符。此前两年间，OpenAI 一直在开发名为“GPT-4”的更强大的语言模型，并计划于 2023 年发布。2022 年，GPT-4 一直在进行内部测试和微调，做上线前的准备。但 OpenAI 的高管改变了主意。

由于担心竞争对手可能会在 GPT-4 发布之前，抢先发布自己的 AI 聊天工具，因此，OpenAI 拿出了于 2020 年推出的旧语言模型 GPT-3

的强化版本 GPT-3.5，并在此基础上进行了微调，促成了 ChatGPT 的诞生。

需要承认的是，虽然 ChatGPT 已经让我们窥见了通用 AI 的雏形，但依然面对许多客观的问题，如在一些专业领域，ChatGPT 的应用还会出现一些低级错误。当然，这种情况是必然存在的，毕竟 ChatGPT 开放给公众的时间比较短，接受训练的领域与知识库相对有限，尤其是在有关数学、物理、医学等专业并带有一些公式与运算的方面。

于是，在发布了 ChatGPT 的三个月后，2023 年 3 月 15 日，OpenAI 正式推出了 GPT-4。与 ChatGPT 的匆忙发布不同，GPT-4 的推出是有所准备的。根据内部的消息，GPT-4 早在 2022 年 8 月就训练完成了，之所以在半年后——2023 年 3 月才面市，是因为 OpenAI 需要花 6 个月时间，让它变得更安全。图像识别、高级推理、单词掌握，是 GPT-4 的三项显著能力。

就图像识别功能来说，GPT-4 可以分析图像并提供相关信息。例如，它可以根据食材照片来推荐食谱，为图像生成描述和图注等。

就高级推理功能来说，GPT-4 能够针对 3 个人的不同情况做出一个会议的时间安排，回答存在上下文关联性的复杂问题。GPT-4 甚至可以讲出一些质量一般、模式化的冷笑话。虽然并不好笑，但至少它已经开始理解“幽默”这一人类特质，要知道，AI 的推理能力正是 AI 向人类思维逐渐进化的标志。

就单词掌握功能来说，GPT-4 能够处理 2.5 万个单词，单词处理能力是 ChatGPT 的 8 倍，并可以用所有流行的编程语言写代码。

其实，在聊天过程中，ChatGPT 与 GPT-4 的区别是很微妙的。当任务的复杂性达到足够的阈值时，差异就出现了，GPT-4 比 ChatGPT 更可靠、更有创意，并且能够处理更细微的指令。

并且，GPT-4 还能以高分通过各种标准化考试：GPT-4 在模拟美国多州律师资格考试中取得的成绩超过 90%的人类考生，在俗称“美国高考”的 SAT 阅读考试中的成绩排名超过 93%的人类考生，在 SAT 数学考试中的成绩排名超过 89%的人类考生。

美国多州律师资格考试一般包括选择题和作文两部分，涉及合同法、刑法、家庭法等，相比 GPT-4 排在前 10%左右的成绩，GPT-3.5 的成绩排名在倒数 10%左右。在 OpenAI 的演示中，GPT-4 还生成了关于复杂税务查询的答案，尽管无法验证。

2023 年 11 月 7 日，在 OpenAI 首届开发者大会上，首席执行官山姆·阿尔特曼宣布了 GPT-4 的一次大升级，推出了 GPT-4 Turbo。GPT-4 Turbo 的“更强大”体现为它的六项升级：上下文长度的增加，模型控制，更新的知识，更强的多模态能力，模型自定义能力及更低的价格，更高的使用上限。

对于一般用户体验来讲，上下文长度的增加、更新的知识和更强的多模态能力是核心的改善。特别是上下文长度的增加，这在过往是 GPT-4 的一个软肋，它决定了与模型对话的过程中能接收和记住的文本长度。如果上下文长度较短，面对比较长的文本或长期的对话，模型就经常会“忘记”最近对话的内容，并开始偏离主题。GPT-4 基础版本仅提供了 8K 的上下文记忆能力，即便是 OpenAI 提供的 GPT-4 扩容版本也仅仅能达到 32K 上下文长度，相比于主要竞品 Anthropic 旗下的 Claude 2 提供的 100K 上下文长度的能力，差距明显。这使得

GPT-4 在做文章总结等需要长文本输入的操作时常常力不从心。而经过升级的 GPT-4 Turbo 直接将上下文长度提升至 128K，是 GPT-4 扩容版本的 4 倍，一举超过了竞品 Claude 2 的 100K 上下文长度。128K 的上下文长度大概是什么概念？约等于 300 页标准大小的书所涵盖的文字量。除能够容纳更长的上下文外，山姆 · 阿尔特曼表示，新模型还能够在更长的上下文中保持连贯和准确。

就模型控制而言，GPT-4 Turbo 为产品开发者提供了几项更强的控制手段，以更好地进行 API 和函数调用。具体来看，新模型提供了一个开源库——JSON Mode，可以保证模型以特定方式提供回答，调用 API 更加方便。另外，新模型允许同时调用多个函数，并引入了种子参数，在需要的时候，确保模型能够返回固定输出。

从知识更新来看，GPT-4 Turbo 把知识库更新到了 2023 年 4 月，而最初版本的 GPT-4 的网络实时信息调用只能到 2021 年 9 月。虽然随着后续插件的开放，GPT-4 可以获得最新发生的事件知识，但相较于融合在模型训练里的知识，这类附加信息因为调用插件耗时久、缺乏内生相关知识，所以效果并不理想。

GPT-4 Turbo 具备更强的多模态能力，支持 OpenAI 的视觉模型 DALL-E 3，还支持新的文本到语音模型——产品开发者可以从六种预设声音中任意选择。现在，GPT-4 Turbo 可以图生图了。同时，在图像问题上，OpenAI 推出了防止滥用的安全系统。OpenAI 还表示，它将为所有客户提供牵涉版权问题的法律费用。在语音系统中，OpenAI 表示，目前的语音模型远超市场上的同类产品，并发布了开源语音识别模型 Whisper V3。

GPT-4 Turbo 还有一个重要的升级就是价格降低。OpenAI 表示，GPT-4 Turbo 对开发人员来说运行成本更低。与 GPT-4 的 0.03 美元相比，每 1000 个 Token［LLM（Large Language Model，大语言模型）读取的基本文本或代码单位］的输入成本仅 0.01 美元。

2.1.2 ChatGPT 与 GPT-4 的差异

除优于 ChatGPT 的性能外,GPT-4 与 ChatGPT 还有什么不同呢?

OpenAI 声称，他们花费了 6 个月的时间，让 GPT-4 比上一代更安全。该公司通过改进监控框架，并与医学、地缘政治等敏感领域的专家进行合作，以确保 GPT-4 所给答案的准确性和安全性。GPT-4 的参数量更多，这意味着它比 ChatGPT 更接近人类的认知表现。

根据 OpenAI 官网描述，与 ChatGPT 相比，GPT-4 最大的进化在于“多模态”。多模态，顾名思义，即不同类型数据的融合。使用过 ChatGPT 的人们会发现，它的输入类型是纯文本，输出的是语言文本和代码。而 GPT-4 的多模态能力，意味着用户可以输入不同类型的信息，如视频、声音、图像和文本。同样，具备多模态能力的 GPT-4 可以根据用户提供的信息生成视频、音频、图片和文本。哪怕同时将文本和图片发给 GPT-4，它也能根据这两种不同类型的信息生出文本。

GPT-4 模型的另一大重点是建立了一个可预测扩展的深度学习栈。因为对于 GPT-4 展开的大型训练，进行广泛的特定模型调整是不可行的。为了验证可扩展性，通过使用相同的方法训练的模型进行推断，研究人员准确地预测了 GPT-4 在内部代码库中的“最终损失”。

在具体应用上，ChatGPT 已经具备了类人的语言能力、学习能力和通用 AI 的特性。尤其是 ChatGPT 开放给大众使用后，数以亿计的人次与 ChatGPT 进行互动，充实了庞大又宝贵的数据库。作为 ChatGPT 进一步训练和优化的更强大版本，GPT-4 的高级推理技能可以为用户提供更准确、更详细的回答；鉴于 GPT-4 具备更强大的语言能力和图像识别能力，可以简化市场营销、新闻和社交媒体内容的创建过程；在教育领域，GPT-4 可以通过生成内容，以及以类人的方式来回答问题，因此能在一定程度上帮助学生和教育工作者。

尽管 GPT-4 的功能已经更加强大，但它与早期的 GPT 模型具有相似的局限性：仍然不是完全可靠的，存在事实性“幻觉”并会出现推理错误。在使用语言模型输出时应格外小心，特别是在高风险上下文中，应使用符合特定用例需求的确切协议。不过，GPT-4 相对于以前的模型有显著改善，在 OpenAI 的“内部对抗性真实性评估”得分方面，GPT-4 比 GPT-3.5 高 40%。

2.1.3　从 GPT-4 到 GPT-4o

GPT-4 是人工智能技术的一个重要节点，代表着人类朝着通用 AI 时代大步前进。一方面，当强大的 GPT-4 甚至 GPT-4 的下一代的推出，结合 OpenAI 将其技术打造成通用的底层 AI 技术开放给各行各业使用之后，GPT 就能快速地掌握人类各个专业领域的知识，并进一步加速人工智能在各个领域的应用和发展。另一方面，借助各种国际科研期刊和科研资料，GPT-4 可以为科学家提供更深入和全面的支持。通过分析前沿研究成果和趋势，GPT-4 可以为科学家提供更准确和及时的分析、建议和模型。此外，结合文生视频的功能，也就是 Sora 的数字孪生级视频功能，GPT 模型可以进行直观的科研模拟推演，帮助科学家预测实验结果及发现新的研究方向。这将大大提高科学研究的效率，推动科学的发展和进步。

在 GPT-4 之后发布的 GPT-4o，则是一个真正的多模态大模型，这意味着它不仅能处理文本，还能理解和生成图片、视频和语音内容。这种“实时对音频、视频和文本进行推理”的能力，使得 GPT-4o 在应用场景上更加广泛和深入。

比如，在医疗领域，GPT-4o 可以同时分析患者的语音描述、医学影像和文字医疗记录，提供更全面的诊断支持；在教育领域，GPT-4o 可以结合视频教学内容和书面材料，为学生提供更丰富的学习体验。通过跨模态的数据处理和生成技术，GPT-4o 有望为多个行业提供更深入的洞察力，推动决策过程的优化，最终实现更高效、更智能的行业运作模式。

GPT-4 及 GPT-4o 的发展，不仅标志着 AI 技术在理论和应用层面的飞跃，也展示了 AI 将在未来社会中扮演越来越重要的角色。

2.2 GPT-5 呼之欲出

当许多人还没有从 ChatGPT 和 GPT-4 带来的震撼中缓过来时，GPT-5 的消息已至，并被人们寄予极大的期待。

2.2.1　GPT-5 何时发布

自从 GPT-4 发布后，关于下一代更先进的 GPT 模型，OpenAI 联合创始人兼首席执行官山姆·阿尔特曼对外一直闭口不言。2023 年 6 月，阿尔特曼曾表示，GPT-5 距离准备好训练还有很长的路要走，还有很多工作要做。他补充道，OpenAI 正在研究新的想法，但他们还没有准备好研究 GPT-5。就连微软创始人比尔·盖茨都认为，与 GPT-4 相比，GPT-5 不会有重大的性能改进。

然而，到了 9 月，DeepMind 联合创始人、现微软公司消费者人工智能业务负责人穆斯塔法·苏莱曼，在接受采访时却放出一枚“重磅炸弹”——据他猜测，OpenAI 正在秘密训练 GPT-5。苏莱曼认为，阿尔特曼称他们没有训练 GPT-5，可能没有说实话。同月，外媒《信息》爆料，一款名为 Gobi 的全新多模态大模型，已经在紧锣密鼓地筹备了。与 GPT-4 不同，Gobi 从一开始就是按多模态模型构建的。这样看来，Gobi 模型不管是不是 GPT-5，但从多方泄露的信息来看，它都是 OpenAI 团队正在着手研究的项目之一。

11 月，推特上有用户爆料，Gobi 正在一个庞大的数据集上进行训练。不仅支持文本、图像，还将支持视频。有网友在这条推文下评论：“OpenAI 内部员工称下一代模型已经实现了真的 AGI，你听说过这件事吗？”爆料用户称：“GPT-5 已经会自我纠正，并且具有一定程度的自我意识。我认识的熟人已经看过它的演示。”

12 月底，阿尔特曼在社交平台公布了 OpenAI 在 2024 年要实现的计划：GPT-5，更好的语音模型、视频模型、推理能力，更高的费率限制等。此外还包括更好的 GPTs、对唤醒/行为程度的控制、个性化、更好的浏览性能、开源等。

阿尔特曼还在采访中表示，GPT-5 的智能提升将带来全新的可能性，超越了我们之前的想象。GPT-5 不仅仅是一次性能的提升，更是新生能力的涌现。

2.2.2 预估 GPT-5

尽管目前我们还没有等到 GPT-5 的发布，但是已经看到了 OpenAI 在 2024 年初发布了另外一个令人震撼的模型，那就是 Sora。

可以说，Sora 就是 GPT-5 的一个缩影，只是 OpenAI 对 GPT-5 采取了更加慎重的态度。当然，GPT-5 面临的挑战确实很大，至少在算力层面目前还没有办法满足其进入应用级的需求。

那么 GPT-5 会是什么样的呢?

首先，支持更长的文本输入。目前，GPT-4 的文本的输入能力已经提升到了 2.5 万字的水平。而之前与 ChatGPT 对话只能输入比较短的文本，ChatGPT 也可能很快就会忘记此前聊天的内容，导致丢失上下文的关联。但是 GPT-4 可以支撑非常长的记忆，且能够支持非常长的文本的输入。甚至在几十轮次的问答之后，GPT-4 依然能够记住我们之前给出的一些相关信息。我们可以期待 GPT-5 会支持更长的文本输入和更强大的记忆能力。

其次，治理“机器幻觉”。除在快速产生结果方面的表现更优秀外，GPT-5 还有望在事实准确性上更胜一筹。2023 年，我们已经见证了 ChatGPT、Bing Chat 或 Bard 的“胡说八道”——这在技术上被称为“机器幻觉”。

举个例子，你向 ChatGPT 询问：“成都是一座怎样的城市？”它会告诉你：“成都是中国西南地区的一个历史文化名城，位于四川盆地中部。成都是中国最古老、最繁华的城市之一，拥有丰富的历史文化遗产和饮食文化。成都的历史可以追溯到 3000 多年前的古蜀国时期。作为古代丝绸之路的重要通道和商业中心，成都是古代文化的重要中心之一。成都也是中国唯一一个拥有三座世界文化遗产的城市，包括都江堰、峨眉山和乐山大佛，这些遗产代表了成都的古代灌溉、自然景观和佛教文化。”虽然 ChatGPT 给出了很多关于文化、地理信息等方面的细节，内容看起来很可靠，但事实上，ChatGPT 生成的内容中，许多都是错误的事实，也就是有害的“幻觉”。比如，“位于四川盆地中部”是错误的，成都位于四川盆地的西部；又如，“成都也是中国唯一一个拥有三座世界文化遗产的城市，包括都江堰、峨眉山和乐山大佛”，峨眉山和乐山大佛都在乐山，距离成都有 2 个多小时的车程。

2023 年，有律师因为使用 ChatGPT 被终生禁业，原因就是 ChatGPT 捏造了 6 个虚构案例。

相比于 ChatGPT 的“胡说八道”，GPT-4 则在机器幻觉上得到了改善。OpenAI 指出了 GPT-4 与 GPT-3.5 在日常对话中的微妙差异。

GPT-4 在一致性法学考试（UBE）、法学入学考试（LSAT）、大学预修微积分等众多测试中表现得更为出色。此外，在机器学习基准测试中，GPT-4 不仅在英语方面，还在其他 23 种语言方面超越了 GPT-3.5。

OpenAI 声称，GPT-4 的“幻觉”现象少了很多，对“敏感请求”或“禁止内容”（如自我伤害或医疗询问）的回应倾向性减少了 82%。尽管如此，GPT-4 依然会表现出各种偏见，OpenAI 则表示一直在改进现有系统，以反映常见的人类价值观，并从人类的输入和反馈中学习。

因此，对于 GPT-5 来说，消除错误回应将是它未来更广泛应用的关键，尤其是在医学和教育等关键领域。

当然，机器幻觉问题的治理是决定着 GPT-5 何时发布的一个关键问题，也是决定着 GPT-5 朝着通用人工智能这一目标能否实现突破的关键。

此外，多模态能力是 GPT-5 进化的另一个方向。现在，GPT-4 已经可以使用图像作为输入，以获得更好的上下文，而不仅仅只能分析文本序列信息。这是 GPT-4 的一个非常强大的跨越点。图片的理解能力主要体现在 GPT-4 可以对人类给出的图片进行比较合理的解释或理解。GPT-4 甚至可以理解一些内容比较搞笑的图片，或者通过一些做菜的图片想象做出的菜品，甚至可以帮忙整理图表数据，抽取图表的核心内容。我们还可以上传一些在日常生活中拍摄的照片，来跟 GPT-4 交流，它可以对照片做出一些有意思的评论。但是，GPT-4 目前还不能理解视频信息。我们可以期待其未来的版本，不难预测，GPT-5 或将获得更大的处理各种形式的数据如音频、视频等的能力，使其在各种工作领域中更加有用，而不仅限于作为一个聊天机器人或 AI 图像生成器。

从目前的被拆分出来单独展示的 Sora 中，我们已经可以提前领略 OpenAI 在多模态方面的能力，而这项能力一旦被整合进 GPT-5，就意味着 GPT-5 将从当前的 GPT-4 的文本智能，直接跃迁到文本与视频的交互，也就是人类当前信息的最终表现手段与方式。

当然，许多人更关注的可能还是 GPT-5 的智能水平——期待通用 AI 的真正到来。GPT-5 在智能水平上的升级是必然的，因为以 GPT 系列为代表的 AI 大模型，最强大的地方就在于——它的进化是近乎指数级的。本质上，它就是一台超强学习机器，每天 24 小时，一秒也不停止。而这种能力特征是人类完全没有的。人类被肉体所束缚，有无数的短处，在智力进化的路径上，只能像蜗牛一样走，人类进步或演化的速度，是以年、百年、千年为单位的。这与 GPT 系列截然不同，GPT 系列的进步速度是以秒、毫秒、飞秒为演化的时间单位的，即使在人类看来最复杂的事物，它所需的学习反应的时间单位，最多也就是以小时为计的。

因此，可以预见，作为一次重要的升级，GPT-5 的智能水平不仅会得到提升，还将在多个领域展现出指数级的改进。正如之前的 ChatGPT、GPT-4 一样，GPT-5 将会是通用的，而这正是它们如此神奇的关键。换言之，GPT-5 不是针对特定任务的提升，而是在整体上更为智能，这也会推动人工智能在各个领域都变得更加出色。比如，在医疗保健领域，AI 的高级智能将使得诊断和治疗建议更加可靠，从而为医疗行业带来巨大的变革；它还可能在法律服务和自动驾驶等安全关键领域发挥重要作用。因此，GPT-5 的提升有望为各个行业带来便利，这也正是阿尔特曼所强调的。

不管是智能升级、机器幻觉方面，还是多模态能力方面，可以期待的是，GPT-5 的到来将成为科技领域又一次巨大的飞跃，这将使得人工智能更加强大、可靠，并为各个领域带来革命性的变化，推动人类社会迈向一个更加智能、创新的未来。

对于 GPT-5 而言，什么时候推出，除上面所谈的问题需要解决外，另外一个最大的制约条件则是算力，也就是说，当 OpenAI 能够构建完成支撑 GPT-5 公开应用的算力之后，GPT-5 才会迎来真正的公开。

当 GPT-5 来临的时候，一场关乎各国国力竞争的序幕将正式拉开，一场由人工智能所引发的新生产要素革命将加速推进。

2.2.3 技术奇点的前夜

在数学中，“奇点”（singularity）被用于描述正常的规则不再适用的类似渐近线的情况。在物理学中，奇点则被用来描述一种现象，如一个无限小、致密的黑洞，或者我们在大爆炸之前都被挤压到的那个临界点，同样是通常的规则不再适用的情况。

1993 年，弗诺·文格写了一篇文章，他将“奇点”一词用于未来我们的智能技术超过我们自己的那一刻——对他来说，在那一刻之后，我们的生活将被永远改变，正常规则将不再适用。

如今，随着 ChatGPT 的爆发、GPT-4 等人工智能大模型的相继诞生，我们似乎已经站在了技术奇点的前夜。

人类的进步速度正在随着时间的推移越来越快——这是未来学家雷·库兹韦尔所说的人类历史的加速回报法则（Law of Accelerating Returns）。发生这种情况是因为更先进的社会有能力比欠发达的社会进步得更快。19 世纪的人类比 15 世纪的人类知道得更多，技术也更好，因此，19 世纪的人类取得的进步比 15 世纪的要大得多。

比如，1985 年上映的电影《回到未来》中，“过去”发生在 1955 年，当 20 世纪 80 年代的男主人公回到 1955 年时，电视的新奇、苏打水的价格、刺耳的电吉他声都让他措手不及。那是一个不同的世界。但如果这部电影是在今天拍摄的，“过去”发生在 1994 年，那么我们会比《回到未来》的男主人公更加不适应，更与 1994 年的社会格格不入。这是因为 1994 年至 2024 年的平均进步速度，要远远高于 1955 年至 1985 年的进步速度——最近 30 年发生的变化比之前 30 年的要多得多。

雷·库兹韦尔认为：“在前几万年，科技增长的速度缓慢到一代人看不到明显的结果；在最近一百年，一个人一生内至少可以看到一次科技的巨大进步；而从 21 世纪开始，每三到五年就会发生与此前人类有史以来科技进步的成果类似的变化。”总而言之，由于加速回报定律，雷·库兹韦尔认为，21 世纪将取得是 20 世纪 1000 倍的进步。

事实的确如此，科技进步的速度甚至已超出个人的理解能力极限。2016 年 9 月，AlphaGo 打败欧洲围棋冠军之后，多位行业专家认为 AlphaGo 要进一步打败世界冠军李世石的希望不大。但后来的结果是，仅仅 6 个月后，AlphaGo 就轻易打败了李世石，并且在输了一场之后再无败绩，这种进化速度让人瞠目结舌。

现在，AlphaGo 的进化速度或许会在 GPT 的身上再次上演。OpenAI 于 2020 年 6 月发布了 GPT-3，于 2022 年 3 月推出了更新的版本，内部称之为“davinci-002”；此后是广为人知的 GPT-3.5，也就是“davinci-003”；伴随着 ChatGPT 于 2022 年 11 月的发布，紧随其后的是 2023 年 3 月 GPT-4 的发布。而按照 OpenAI 的计划，GPT-5 在 2024 年会被正式推出。

从人工智能技术角度来看，人工智能最大的特点就在于，它是互联网领域的一次变革，不单单属于某一特定行业的颠覆性技术，并且是作为一项通用技术成为支撑整个产业结构和经济生态变迁的重要工具之一，它的能量可以投射在几乎所有的行业领域中，促进其产业形式转换，为全球经济增长和发展提供新的动能。自古暨今，从来没有哪项技术能够像人工智能一样引发人类无限的畅想。

由于人工智能技术不是一项单一的技术，其涵盖面极其广泛，而“智能”二字所代表的意义又几乎可以代替所有的人类活动，即使是仅仅停留在人工层面的智能技术，人工智能可以做的事情也大大超过人们的想象。

在 ChatGPT 出现及爆发之前，人工智能就已经覆盖了我们生活的方方面面。从垃圾邮件过滤器到约车软件，以及我们日常打开的新闻等，都是人工智能做出的算法推荐；网上购物时，首页上显示的是人工智能推荐的用户最有可能感兴趣、最有可能购买的商品；从操作越来越简化的自动驾驶交通工具，到日常生活中的面部识别上下班打卡制度……有的使我们深有所感，有的则悄无声息地浸润在社会运转的琐碎日常中。GPT 模型将人工智能推向了真正的应用快车道上。

李开复曾经提过一个观点——思考不超过 5 秒的工作，在未来一定会被人工智能取代。现在来看，在某些领域，ChatGPT 和 GPT-4 已远远超越“思考 5 秒”这个标准了，并且，随着它的持续进化，加上它强大的机器学习能力，以及在与人类互动过程中的快速学习与进化，在人类社会所有具有规律与有规则的工作领域中，人工智能取代与超越我们只是时间问题。

奇点隐现，而未来已来。正如有着“硅谷精神之父”之称的凯文·凯利所说的那样：从第一个聊天机器人（ELIZA，1964 年）诞生到出现真正有效的聊天机器人（ChatGPT，2022 年）只用了 58 年。所以，不要认为距离近，视野就一定清晰，也不要认为距离远，就一定不可能。

2.3　大模型，智能时代的基础设施

如果说 ChatGPT、GPT-4 的诞生，让人们看到了通用 AI 的希望，那么，Sora 的出现则让人们看到了实现通用 AI 不再是设想。ChatGPT API 和 GPT-4 API 的开放使人工智能的适用性进一步被拓展，把人们推向了通用 AI 的前夜。

2.3.1 开放 API 的意义

2023 年 3 月 1 日，OpenAI 官方宣布正式开放 ChatGPT API。这意味着，开发者可以通过 API 将 ChatGPT 和 Whisper 模型集成到他们的应用程序和产品中。也就是说，企业或开发人员无须自研类 ChatGPT，就能直接使用 ChatGPT 这样的模型来做二次应用和开发。

API，其实就是为了在两个不同的应用之间实现流畅通信而设计的应用程序编程接口，通常被称为应用程序的“中间人”。实际上，在生活中我们经常会接触到硬件接口，最常见的就是 HDMI 接口和 USB 接口，我们知道接入某个接口就能实现某种功能。和硬件接口一样，程序接口能够将程序内部实现的功能封装起来，使得程序像一个盒子一样只留出一个口子，人们接入这个“口子”就能使用这个功能。调用的人即便不知道这些功能的具体实现过程，也能方便地使用这些功能。

比如，我们到商店里扫码点餐，先扫描二维码进入页面，输入就餐人数，然后点菜并提交订单。点完后，服务员会来跟你核对菜单，然后同步到后厨，我们就可以坐等上菜了。其中，扫码点餐的过程就可以看作是 API 的工作过程，我们通过一个点餐的 API 选中菜品，让服务员和后厨在后台知道我们的需求并提供相应的饭菜和服务，这个过程就是点餐 API 的作用。

在 OpenAI 未开放 API 之前，人们虽然能够与 ChatGPT 进行交流，但却不能基于 ChatGPT 进一步开发应用。2023 年 3 月 1 日，OpenAI

官方宣布，正式开放 ChatGPT 和 Whisper 的 API。其中，Whisper API 是 OpenAI 推出的由人工智能驱动的语音转文本模型。

具体来看，ChatGPT API 由 ChatGPT 背后的 AI 模型提供支持，该模型被称为 GPT-3.5 Turbo。根据 OpenAI 的说法，它比 ChatGPT、GPT-3.5 更快、更准确、更强大。ChatGPT API 的定价为每 1000 个 Token（约 750 个单词）0.002 美元，使用成本比同期的公众版（GPT-3.5）要便宜 90%。而 ChatGPT API 之所以能这么便宜，在一定程度上要归功于“系统范围的优化”。OpenAI 称，这样做将比直接使用现有的语言模型要便宜得多。

在 OpenAI 开放 ChatGPT 不久后，就有几家公司接入 ChatGPT API 来创建聊天界面。比如，Snap 公司就为 Snapchat 的订阅用户推出了 My AI，这是一项基于 ChatGPT API 的实验性应用。这个可定制的聊天机器人不仅可以提供建议，甚至可以在几秒钟内为用户写个笑话。

Shopify 通过 ChatGPT API，为自家用户数量达到 1 亿的应用程序 Shop 创建了一个“智能导购”。当消费者搜索产品时，这个“智能导购”就会根据他们的要求进行个性化的推荐——通过扫描数百万种产品来简化购物流程，从而帮助用户快速找到自己想要的东西。

Quizlet 是一个 6000 多万名学生都在使用的学习平台。过去三年，Quizlet 与 OpenAI 合作，在多个用例中利用 GPT-3，包括词汇学习和实践测试。随着 ChatGPT API 的推出，Quizlet 也发布了 Q-Chat——一个可以基于相关的学习材料提出自适应问题，并通过富有趣味性的聊天体验来吸引学生的“AI 老师”。

除开放 ChatGPT API 外，2023 年 7 月，GPT-4 API 也正式开放。

这意味着开发者们可以在更强大的 GPT-4 上，进行二次应用和开发。

就 OpenAI 的 API 调用类型来看，主要分为两种：Chat Completions（聊天补全）和 Text Completions（文本补全）。

在 GPT-4 API 开放的同一时间，OpenAI 还向开发者分享了广泛使用的 Chat Completions API 的情况。OpenAI 表示，Chat Completions API 占其 API 使用量的 97%。究其原因，Chat Completions API 的结构化界面（如系统消息、功能调用）和多轮对话能力能够使开发者建立对话体验和广泛地完成任务，同时降低提示注入攻击的风险，因为用户提供的内容可以从结构上与指令分开。

并且，OpenAI 也发布了旧模型的弃用计划。即从 2024 年 1 月 4 日开始，OpenAI 的某些旧模型，特别是 GPT-3 及其衍生模型都不再可用，并被新的“GPT-3 基础”模型所取代，新的模型计算效率会更高（见图 2-1）。

<table>
<tr><th>旧模型</th><th>新模型</th></tr>
<tr><td>ada</td><td>ada-002</td></tr>
<tr><td>babbage</td><td>babbage-002</td></tr>
<tr><td>curie</td><td>curie-002</td></tr>
<tr><td>davinci</td><td>davinci-002</td></tr>
<tr><td>davinci-instruct-beta</td><td rowspan="8">gpt-3.5-turbo-instruct</td></tr>
<tr><td>curie-instruct-beta</td></tr>
<tr><td>text-ada-001</td></tr>
<tr><td>text-babbage-001</td></tr>
<tr><td>text-curie-001</td></tr>
<tr><td>text-davinci-001</td></tr>
<tr><td>text-davinci-002</td></tr>
<tr><td>text-davinci-003</td></tr>
</table>

图 2-1 从 2024 年 1 月 4 日开始，OpenAI 的某些旧模型被新的“GPT-3 基础”模型所取代

根据公告显示，使用基于 GPT-3 模型（ada、babbage、curie、davinci）的稳定模型名称的应用程序在 2024 年 1 月 4 日自动升级至新模型。

使用其他旧的完成模型（如 text-davinci-003）的开发者需要在 2024 年 1 月 4 日之前手动升级他们的集成，在他们的 API 请求的“模型”参数中指定 gpt-3.5-turbo-instruct。gpt-3.5-turbo-instruct 是一个 Instruct GPT 风格的模型，训练方式与 text-davinci-003 类似。

随着模型的升级，基于模型的二次应用也将获得更强大的功能。

不过，虽然市面上基于 API 构建的二次应用已经非常不错，但问题是，这些应用依然具有很高的技术门槛，有时需要几个月的时间，由数十名工程师组成的团队处理很多事情才能成功进行二次开发。这些事情包括状态管理（state management）、提示和上下文管理（prompt and context management）、扩展功能（extend capabilities）和检索（retrievel）。

于是，在 2023 年 11 月 7 日的 OpenAI 首届开发者大会上，OpenAI 推出 Assistants API，让开发人员在他们的应用程序中构建“助手”。使用 Assistants API，OpenAI 用户就可以构建一个具有特定指令、利用外部知识并可以调用 OpenAI 生成式人工智能模型和工具来执行任务的“助手”。像这样的案例范围包含从基于自然语言的数据分析应用程序到编码助手，甚至是人工智能驱动的假期规划器。

Assistants API 封装的能力包括：持久的线程（persistent threads），人们不必弄清楚如何处理长的对话历史；内置的检索，利用来自 OpenAI 模型外部的知识（如公司员工提供的产品信息或文档）来增强开发人员创建的助手；提供新的 Stateful API 管理上下文；内置的代码解释器（code interpreter），可在沙盒执行环境中编写和运行 Python 代码，让使用 Assistants API 创建的助手迭代运行代码来解决代码和数学问题；改进的函数调用，从而能够调用开发人员定义的编程函数并将响应合并到他们的消息中。

Assistants API 的发布标志着 OpenAI 在为开发者提供更强大的工具和功能方面取得了重要进展。未来，我们可以期待看到更多基于 Assistants API 的创新性应用，为各行各业带来更先进、智能的解决方案。

2.3.2 人工智能的技术底座

支持许多不同应用的 ChatGPT API 是一个强大的工具，在 ChatGPT API 开放前，有些开发者试着自己在应用中接入 OpenAI 的常规 GPT API，却无法达到 ChatGPT 的效果。而 OpenAI 开放了 ChatGPT API，则为广大开发者打开了新的大门。

毕竟，对于大多数企业和开发人员来说，开发 ChatGPT 这样的聊天机器人模型是遥不可及的。根据 Semianalysis 估算，ChatGPT 一次性训练费用就达 8.4 亿美元，生成一条信息的成本在 1.3 美分左右，是目前传统搜索引擎的 3 到 4 倍。OpenAI 也曾因为经费不足，差点倒闭。ChatGPT 的成功也决定了入局的高门槛，后来者必须同时拥有坚实的人工智能技术底座和充裕的资金。但 ChatGPT API 正式开放，且使用其花费的价格并不高，则为开发人员构建聊天机器人模型打开了大门。人们只要通过相关 API 接口就可以轻松地获得 GPT 的能力，并将其应用于各种任务和场景中，包括问答系统、对话生成、文本生成等。

更重要的是，ChatGPT API 的公布，为通用 AI 提供了一条现实途径。如果按照是否能够执行多项任务的单一标准来看，GPT 系列已经具备了通用 AI 的特性。

可以说，ChatGPT API 为 AI 的发展构建了一个完善的底层应用系统。虽然 GPT 是语言模型，但与人对话只是 GPT 的表皮，GPT 的真正作用，是使我们能够基于 GPT 这个开源的系统平台，开放接口来做一些二次应用。

或许，在未来，AI 将成为与水、电力一样的基础设施。1764 年，一位叫哈格里夫斯的英国纺织工，发明了一种可以同时纺 8 卷线的纺纱机，大大提高了生产效率。这个被命名为“珍妮纺纱机”的出现，引发了发明机器进行技术革新的连锁反应，揭开了工业革命的序幕。

18 世纪中叶，英国率先进入工业革命阶段。当时，蒸汽机用的能源还是煤炭，大大提高了人类的生产效率。又因为效率的提升，煤炭价格变得非常低廉。现在的 AI 几乎就是那时的煤炭，因为未来的 AI，一定会变成整个社会的基础设施、大众商品。就像我们在现实生活中离不开水、电、燃气这些必需的生活要素一样——大模型，就是智能时代的基础设施。

2.4 人人都可打造的专属 GPT

通用模型固然很好，但通过微调训练构建一个自己的专属大模型似乎更能让人心动——OpenAI 的确这样做了。

2023 年 8 月 23 日，OpenAI 正式宣布，所有开发者都可以对 GPT-3.5 Turbo 进行微调（fine-tuning）。2023 年 11 月 7 日，在首届 OpenAI 开发者大会上，山姆·阿尔特曼表示，GPT-3.5 Turbo 16K 的版本可以进行微调的定制了，且价格将比前一代更低。GPT-4 的微调定制也在申请中了。

开放微调功能意味着，所有的开发人员、企业都可以基于 OpenAI 的 GPT——排名全球第一的通用 AI 工具，结合自己的专有数据，进行个性化微调训练，降低成本，打造自己的个性化 GPT。

2.4.1 对 GPT 进行微调

作为通用 AI 工具，GPT 一个难以避免的缺点就是，并没有针对某一个细分场景进行训练。因此，对于一些特定的应用场景或任务，GPT 可能无法满足用户的需求或期望，如生成特定风格、格式或内容的文本。给用户的回答可能是正确的废话或无法落地的泛泛而谈，不符合用户需求。

举个例子，假如我们需要一个浦东机场的智慧客服机器人，希望这个机器人根据浦东机场的相关规定来回答问题。但如果只是简单地在这个智慧客服机器人中内置 GPT，效果可能不太理想。

比如，当我们输入“可以带猪肉制品入境吗？”GPT 可能会回复：“这个问题的答案取决于您所在的国家和您要进入的国家的法律和规定。通常来说，猪肉制品可能会受到限制或禁止进入某些国家……”

这个回复当然没有错误，但却过于广泛，不能解决我们的真正需求。假如想要 GPT 针对浦东机场的规定进行回答，我们需要在指令中多加描述，如改成“你现在是一名浦东机场相关规范的专家，我要去浦东机场，请问我可以带猪肉制品入境吗？”但这又会出现两个问题，一个是这样做会导致指令变长，因此 Token 消耗数会提高；二是有时即使加上更精确的描述，输出的结果可能还是太宽泛。

这个时候，如果能够对 GPT 进行微调，我们就能获得想要的效果，如通过“可以带猪肉制品入境吗”这个简短指令，直接获得针对浦东机场规范的输出。这也就是微调的意义和价值所在。简单来说，微调就是将某个场景下实际发生的业务数据提交给 GPT，让它学习，然后让 GPT 在这个场景下工作。

打个比方，GPT 就像一个新入职的职业经理人，业务熟练、管理经验丰富，但是他对公司所在的本地市场、业务现状都不熟悉；我们需要他在入职后迅速熟悉公司现状及各个部门。这样这个职业经理人才能结合他的专业和管理知识，发挥最大的工作效能。这种方式，对新员工叫入职培训，对 GPT 就叫微调。

在没有开放微调功能以前，如果用户想要结合业务构建专属

GPT，需要使用大量的 propmt（提示词）调教模型进行上下文学习。但开放微调功能以后，用户只需要四步即可打造自己的专属模型：准备数据—上传文件—创建微调工作—使用微调模型。

在准备数据阶段，用户需要构造一组样例对话，对话不仅要多样化，还要与模型在实际应用中可能遇到的情景高度相似，以便提高模型在真实场景下的推理准确性。按 OpenAI 的要求，用户需要提供至少 10 个样例。为了确保数据集的有效性，每一个样例对话都应遵循特定格式。具体来说，每个样例都应是一个消息列表，列表中的每条消息都应明确标注发送者的角色、消息内容，以及可选的发送者名称。更重要的是，数据集应包含一些专门用来解决模型当前表现不佳的问题的样例。这些特定样例的回应是期望模型未来能输出的理想答案。

在准备好数据后，用户将训练文件上传到 OpenAI 微调平台，在创建微调作业并完成后，就可以使用最终的微调模型。

2.4.2 微调 GPT 带来了什么

OpenAI 曾在博客中提到，自 GPT-3.5 Turbo 面世以来，开发人员和各大企业一直希望对模型进行个性化定制，以便用户获得更独特和差异化的体验。在 OpenAI 开放 GPT-3.5 Turbo 微调功能后，开发者终于可以通过有监督的微调技术，让模型更适合自己的特定需求。目前，已有多款模型支持微调功能，包括 gpt-3.5-turbo-0613、babbage-002、davinci-002、GPT-3.5 Turbo 16K 等。

根据 OpenAI 介绍，微调后的 GPT-3.5，在某些特定任务上可以超越 GPT-4。此外，在封闭测试中，采用微调功能的用户已成功在多个常用场景下显著提升了模型的表现。比如，通过微调让模型更准确地执行指令，无论是简洁地输出信息，还是始终用指定的语言回应。比如，进行开发的用户可以设置模型在被要求使用德语时，一律用德语进行回应。微调还增强了模型在输出格式上的一致性，这一点对需要特定输出格式的应用显得尤为重要，如代码自动补全或 API 调用生成，用户可以通过微调，确保模型将输入准确转化为与系统兼容的高质量 JSON 代码段。微调还能让模型的输出更贴近企业的品牌语气，与其品牌调性更加吻合。

除性能提升外，微调还允许用户在不牺牲性能的前提下，简化其使用的提示语。并且，GPT-3.5 Turbo 微调过的模型能处理多达 4000 个 Token，是以前模型的两倍。有的早期用户甚至通过将指令直接嵌入模型，减少了 90%的提示语的浪费，从而加快 API 调用速度并降低成本。并且，当微调与提示工程、信息检索和函数调用等其他技术相结合时，会获得更为强大的能力。可以说，作为一个强大的工具，微调极大地扩展了 GPT 在各种应用场景中的可能性。

2.5　GPT 商店：OpenAI 的野心

2024 年 1 月 10 日，GPT 商店（GPT Store）正式上线了。GPT 商

店的上线，堪比当年 iPhone 的“App Store 时刻”。但是，GPT 商店的上线为普通用户、开发人员、创业公司乃至整个大模型领域带来的变化，远远不是大模型版“App Store”那么简单的。

2.5.1 千呼万唤始出来

在 GPT 商店正式上线前，网络上已经有许多相关的信息。因为在 OpenAI 首届开发者大会上，山姆·阿尔特曼就已经公布了 GPT 商店——人们能用自然语言构建定制化 GPT，并且可以把定制化 GPT 上传到 GPT 商店。如果说同一时间发布的 GPT-4 Turbo 是更好用的“iPhone”，那么 GPT 商店则可能是让 OpenAI 成为跟“苹果”一样的巨大体量公司的重要一步。

事实上，早在 2023 年 5 月，OpenAI 就开放了插件系统，首批上线了 70 个大模型相关的应用，包括猜词、翻译、查找股票数据等。当时，应用开发被寄予厚望，不少媒体将其类比于苹果的 App Store，认为它将改变大模型应用的生态。不过虽然后期插件不断增加，但插件系统却远远没有达到苹果应用商店的影响力。

但在 11 月的发布会上，OpenAI 重新梳理了应用商店的体系，并将其扩大到了一个全新的范畴——人人都能通过自然语言构建基于自己的知识库的 GPT，加入 OpenAI 的应用商店，并获得分成。按照山姆·阿尔特曼的说法，每一个专属 GPT 像是 ChatGPT 的一个为了特殊目的而做出的定制版本。

值得一提的是，此次发布中，OpenAI 还推出了一个重磅应用——GPTs，让不懂代码的人也能轻松定义一个 GPT，实现这一功能的工具就是 GPT Builder。GPT Builder 包含指令、扩展知识和行动三大功能。

首先，指令功能允许用户一步步下达指令构建专属 GPT。用户无须规划整个流程，只需提出专属 GPT 的应用目标，GPT Builder 即可生成该 GPT 的名称、标志等信息，并逐步引导完善指令流程，最终完成应用构建。其次，通过扩展知识功能，用户可以直接上传自定义数据，如 DevDay 事件时间表。此外，用户还可以选择是否调用模型能力，使专属 GPT 能够访问网页浏览、DALL-E 和 OpenAI 的代码解释器工具，用于编写和执行软件。这为用户提供了更广泛的定制化能力，使得专属 GPT 可以灵活适应各种应用场景。最后，通过行动功能，OpenAI 允许专属 GPT 调用函数，连接外部服务，如访问电子邮件、数据库等，以完成复杂的工作组合。这意味着某个专属 GPT 可以在回答用户关于旅游地点信息的询问时，调用谷歌地图或机票信息，实现更强大的功能组合。

于是，通过自然语言交互，用户就可以轻松构建任务导向的专属 GPT。山姆·阿尔特曼为此进行了现场展示，并通过 GPT Builder 构建出了创业导师 GPT。他提到：“我在 YCombinator（硅谷著名的创业孵化器之一）工作过很多年，总是遇到开发者向我咨询商业意见。我一直想，如果有一天有个机器人能帮我回答这些问题就好了。”

创建一个专属 GPT，在本质上，用户能够定制的功能并不多。但是，让一个不懂代码的人也能简单地创建应用，确实是创举。GPTs 的发布标志着 ChatGPT 的个性化定制时代的到来。用户可以通过简单的对话，构建多个专业领域的 GPT，实现从宠物顾问到设计助手再到消息代发的多种功能。

而应用 GPTs 可以选择私有、专属企业拥有和公开所有三种方式。OpenAI 表示，将为受欢迎的应用提供利润分享。无论是构建还是分享，GPTs 都宣告着一个自定义 GPT 时代的到来。未来，或许就像比尔·盖茨预言的那样：我们不必再为不同的任务选用不同的应用程序。相反，只需用日常用语将你的需求告诉设备，基于软件获取的信息，它将能做出为你量身定做的回应。

在举行了首届开发者大会的两个月后，GPT 商店正式上线了。现在，在 ChatGPT 的主界面中，点击左上方的“Explore GPTs”指令，就可以进入 GPT 商店（见图 2-2）。

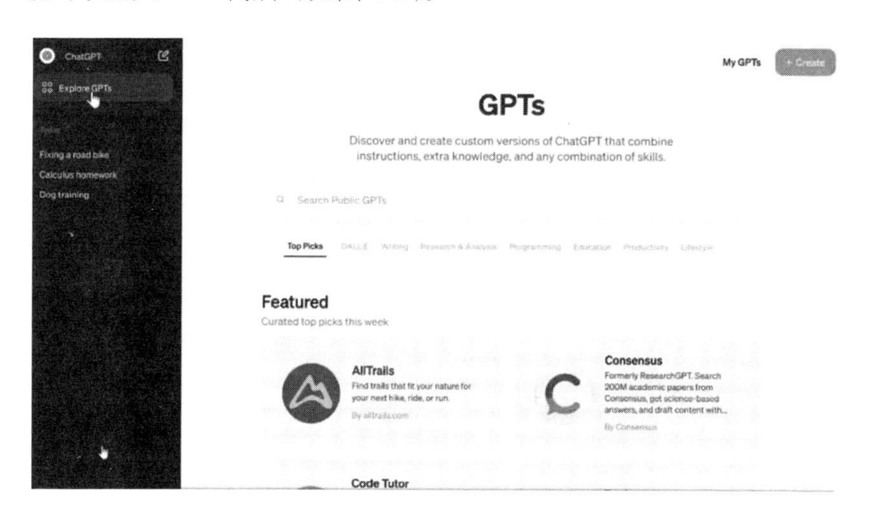

图 2-2　通过 ChatGPT 的主界面可进入 GPT 商店

从 GPT 商店的界面构成来看，很像苹果的 App Store，类目包括：Featured——本周精选特色应用，Trending——社区最受欢迎的 GPT

应用，By ChatGPT——由 ChatGPT 团队创建的 GPT 应用。除此之外，根据应用的用途，GPT 应用还被划分为“写作”“效率”“研究和分析”“编程”“教育”“生活方式”等类目。

在使用 GPT 商店方面，操作是非常便捷的，只需要在界面中选择要用的 GPT，点击进入并开始对话即可。

在热榜上的几个 GPT 应用，效用都非常出色。如 Consensus，声称收录了 2 亿篇学术论文，相当于一个 AI 学术助手，专业回答科学问题。如果我们问它“为什么服用头孢后不能喝酒”，Consensus 不仅能在几秒钟内回答问题，还能把支撑观点的相关引用文献也展示出来。

再如，AlphaNotes GPT 是一个可以总结大段视频和长文的 GPT，我们只要丢给它一个视频链接，它就可以直接分析出简介、要点、论点、背景等。此外，还有图标设计应用 Logo Creator、编程应用 Grimoire 等。

2.5.2　不只是应用商店

基于 GPTs 的 GPT 商店不仅仅是一个集合了 GPT 应用的 GPT 商城，更包含着 OpenAI 的野心——实现商业化及打造真正的通用 AI。

从商业化角度来看，虽然 OpenAI 是 AI 行业当之无愧的领头羊，但不可否认，OpenAI 仍是一家亏损中的创业公司，面临商业化的难题，这也是 OpenAI 的现实挑战。一直依靠融资来发展通用 AI，显然不是一种可持续的方式。更何况在融资的过程中，需要让投资者看到相关的数据与愿景，以及在未来实现商业变现的可能性。

因此，要考虑实现业务多元化，降低外部依赖，OpenAI 就必须开拓新的路径。在 GPT 商店上线之前，OpenAI 在商业化方面已经有了相关的探索，如推出会员订阅、开放 API、开放微调功能等。从订阅费来看，2023 年 2 月，OpenAI 宣布推出付费试点订阅计划 ChatGPT Plus，定价为每月 20 美元。付费版功能包括高峰时段免排队、快速响应以及优先获得新功能和改进等。从 API 来看，在 OpenAI 未开放 API 之前，人们虽然能与 ChatGPT 进行交流，但却不能基于 ChatGPT 进一步开发应用。而 2023 年 3 月 1 日，OpenAI 官方宣布，构建者可以通过 API 将 ChatGPT 和 Whisper 模型集成到他们的应用程序和产品中。5 个月后的 8 月 23 日，OpenAI 进一步推出 GPT-3.5 Turbo 微调功能并更新 API，使企业、产品开发者可以使用自己的数据，结合业务用例构建专属 ChatGPT。

围绕着 OpenAI 的 API 已经出现了许多新产品，现有产品也在围绕着 OpenAI 的 API 进行重构。与大多数提供非核心功能的 API 不同，OpenAI 的 API 是许多此类产品体验的核心。有了 OpenAI 的 API，就意味着写几行代码，你的产品就可以做很多专业人员会做的事情，如当客服、搞科研、发现药物配方或辅导学生等。

从短期来看，这对产品开发者来说是件好事，因为他们会获得更多的功能以及更多的用户。从 OpenAI 的角度来看，这意味着 OpenAI 无条件地获得了更多的注意力、覆盖面与影响力，以及能得到一笔不菲的 API 许可费。

无论是推出会员订阅，还是更新 API，都是 GPT 商业化的必然模式。当然，这也是所有互联网企业的常规商业模式。从这个角度来看，OpenAI 的商业化之路依然是互联网的传统模式，但 GPT 商店却为 OpenAI 带来了新的可能——通过构建者的收入分成，再加上流量的反哺，不仅壮大了自己的生态，扩张了商业路径，还断了“中间商赚差价”的路。

据 OpenAI 官方声明，2024 年 1 月，其社区成员已经构建了 300 万个专属 GPT，并已批准了其中一部分在 GPT 商店中供下载。为了进一步鼓励大家的创作积极性，OpenAI 推出“GPT 构建者收入计划”。另外，从如今发布的专属 GPT 来看，每个应用后面都附有构建者自己的链接，用户点击即可跳转。简单来说，GPT 商店是支持构建者向外部引流的。在同类产品中，似乎也只有 GPTs 允许构建者导流回自己的平台。如果能反向通过专属 GPT 来获得流量，那么有意愿创建专属 GPT 并分享的构建者显然会更多，特别是对于那些手握业务和垂直领域数据的人来说，这一点也许会成为关键的考量因素。

但是，GPTs 的上线对于一众处于 OpenAI 下游的 AI 应用公司，特别是以套壳 GPT 做垂直应用的创业公司，将是一记重锤。因为 GPTs 在根本上消除了用户从提出需求到获得应用的一系列执行过程——在此之前，这需要构建者去收集并理解相应的需求，然后开发出一个可用的程序，再发布给用户使用——我们手机里的 App 就是这么来的。但现在，这些都由 GPTs 代劳了，也就彻底堵住了“中间商赚差价”的路径。毕竟，没有哪个程序员可以像 GPT 那样时刻在线，不疲不倦地去改代码和更新，也没有哪个产品经理比用户本身更理解自己的需求，熟悉哪些资源和数据可以调用来满足需求。

从打造真正的通用 AI 层面来看，GPT 商店为 OpenAI 提供了一个渠道，获得前所未有的训练数据，从而丰富和完善其语言模型的训练数据集，这是实现通用 AI 的关键一步。同时，GPT 商店中的构建者的创新和贡献都将为 OpenAI 提供更多的想法和反馈，帮助其不断改进和优化通用 AI 模型。

GPT 的无限未来

3.1 赋能百业的 GPT

作为一种超级工具，GPT 掀起的技术革命不仅仅局限在互联网领域，也并非是对某一特定行业的改变，而是让人工智能成为一项通用技术，辐射社会生活和生产的各行各业。随着 GPT 的各种应用场景不断被挖掘，“GPT+效应”正在带领我们进入一个前所未有的人工智能时代。

3.1.1 搜索引擎的升级

基于 GPT 进行二次开发和应用，微软绝对是先行动的第一批企业。

2023 年 2 月 7 日，微软在美国华盛顿州雷德蒙德的公司总部正式推出集成了 ChatGPT AI 技术的全新搜索引擎 Bing，并将新版 Bing 整合进新版 Edge 网络浏览器中，以提高其搜索准确性和效率，致力于将“搜索、浏览和聊天进行整合，为用户提供更优质的搜索场景、更全面的回答、全新的聊天体验和内容生产能力”。2023 年 5 月，在 GPT-4 诞生不久后，微软再一次更新了搭载 GPT-4 的 Bing。

具体来看，新版 Bing 的界面不仅有一条细长的搜索栏，还包含一个对话界面入口（见图 3-1）。我们在对话界面的聊天框中输入问题或想查询的东西后，它就会以聊天的方式，直接将答案或建议回复给我们（见图 3-2）。同时，传统的搜索栏选项也依然可用。

图 3-1　新版 Bing 界面示意图

图 3-2　新版 Bing 对话界面示意图

具有对话功能的新版Bing体现出不同于传统搜索引擎的3个特征。

首先，在新版 Bing 上进行搜索后，可以质询结果，而不仅是重新输入关键词查询。比如，通过传统搜索引擎的搜索框查询搜索“占比最大的软件类型”时，它给出的答案可能是“企业软件”，并给出了这一答案的信息来源于何处。而使用新版 Bing，在搜索结果页面的顶部不仅会出现结论，在其下方还增设了一个聊天文本框，方便我们对结论提出疑问。比如，我们质疑搜索结果——输入“是真的吗”，新版 Bing 会提供更多的内容来验证之前的结论。也就是说，新版 Bing 在传统搜索引擎模式下新增了智能的多轮对话能力，让搜索体验更佳（见图 3-3）。

其次，新版 Bing 提供的搜索结果可以超出搜索的内容范畴，这能够帮助搜索者了解更多相关的内容。比如，我们在传统搜索引擎中输入“如果我想了解德国表现主义的概念，应该看、听和读哪些电影、音乐或文学作品”，传统搜索引擎可能会列出代表德国表现主义的电影、音乐、文学作品的链接，但也只限于这些。而当将同一问题输入新版 Bing 时，它不仅能够提供代表德国表现主义的电影、音乐和文学作品列表，还为用户额外提供了有关这一艺术运动的相关背景信息。这个搜索结果看起来就像维基百科上关于德国表现主义的条目，同时配有链接原始材料的脚注，以及符合提问要求的流派示例（见图 3-4）。

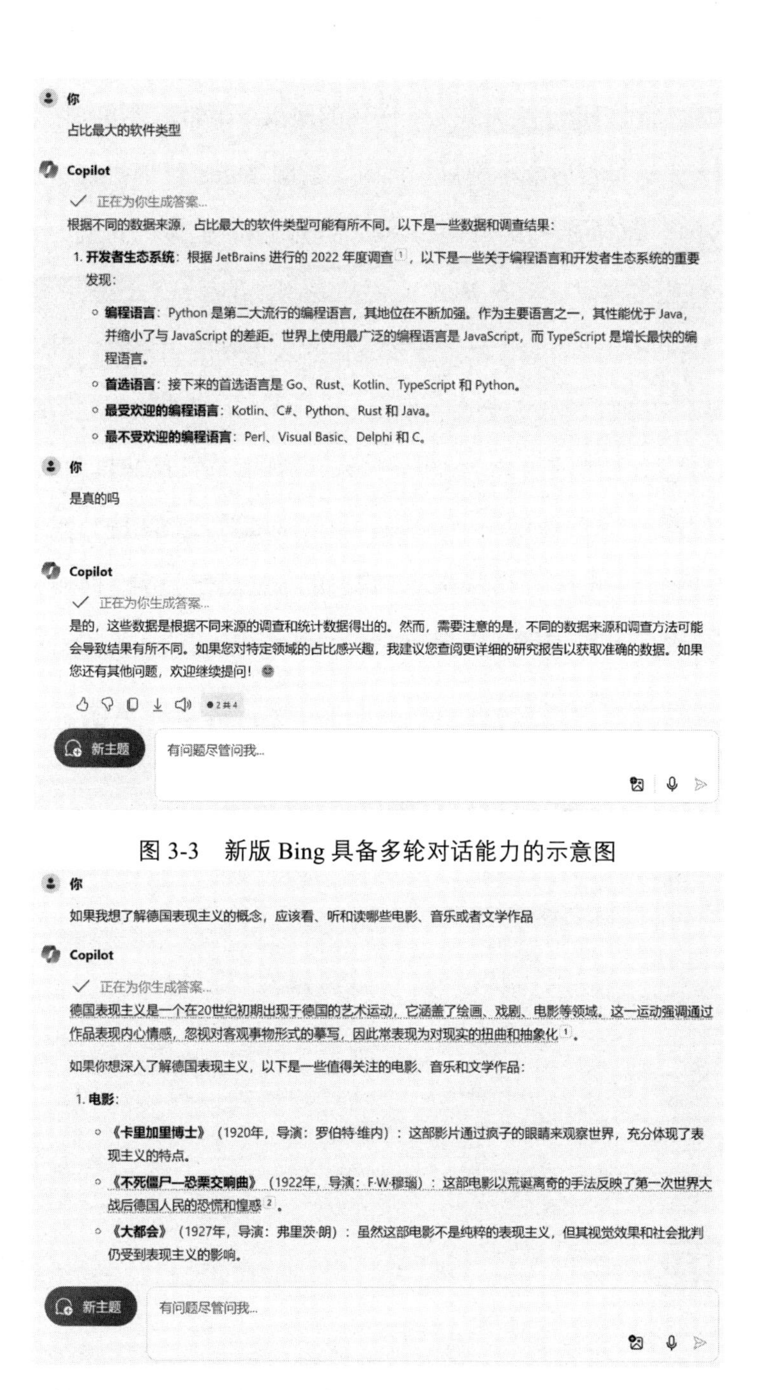

图 3-3 新版 Bing 具备多轮对话能力的示意图

图 3-4 新版 Bing 的搜索结果可以提供更多相关的内容（未完全截屏的示意图）

最后，新版 Bing 能提供更人性化的建议。比如，当用户搜索“宜家的双人座椅是否适合小型货车”时，新版 Bing 可以找到宜家双人座椅和小型货车的尺寸，并回答是否合适，为我们做出判断。当用户搜索 3 款吸尘器时，新版 Bing 会用更易阅读的格式对比这 3 款吸尘器，并提供最佳产品的建议。搜索适合 8 人用餐的菜单时，用户可以对问题做出多种限制，如不含奶制品、不含坚果、不含鱼肉，新版 Bing 依然能够给出满意的回答。当用户搜索三天的旅游行程时，新版 Bing 会为我们提供最佳景点，并汇总到一个基础的行程列表中；如果我们想将原计划三天的旅行改为一天，它也能很快给出答案，而非展示链接。这是新版 Bing 的核心，换句话说，新版 Bing 搜出来的内容更实用（见图 3-5、图 3-6）。

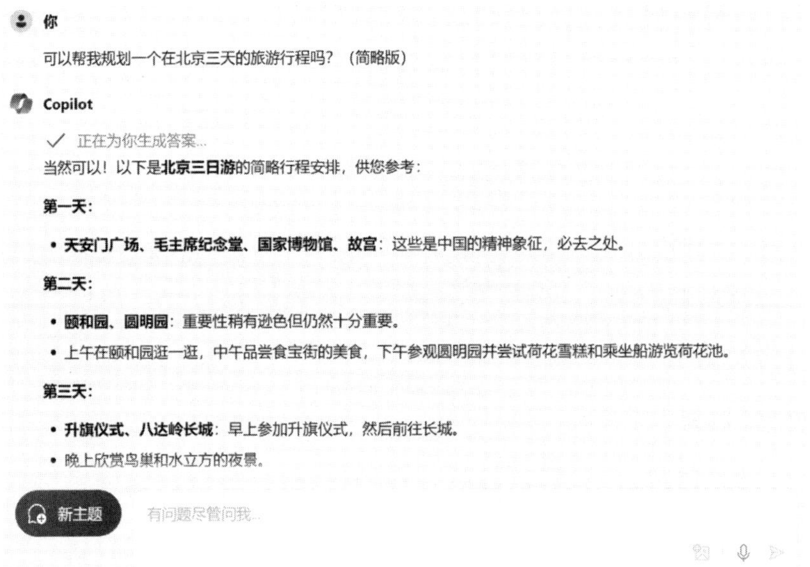

你

可以帮我规划一个在北京三天的旅游行程吗？（简略版）

Copilot

✓ 正在为你生成答案...

当然可以！以下是**北京三日游**的简略行程安排，供您参考：

第一天：

- **天安门广场、毛主席纪念堂、国家博物馆、故宫**：这些是中国的精神象征，必去之处。

第二天：

- **颐和园、圆明园**：重要性稍有逊色但仍然十分重要。
- 上午在颐和园逛一逛，中午品尝食宝街的美食，下午参观圆明园并尝试荷花雪糕和乘坐船游览荷花池。

第三天：

- **升旗仪式、八达岭长城**：早上参加升旗仪式，然后前往长城。
- 晚上欣赏鸟巢和水立方的夜景。

新主题　有问题尽管问我...

图 3-5　新版 Bing 对北京三日游行程的范例

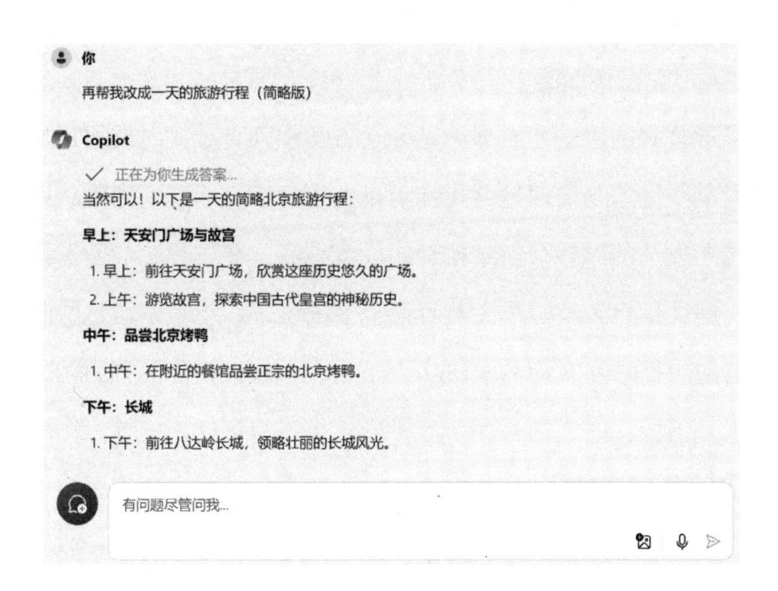

图 3-6　新版 Bing 将北京三日游行程改为一天的范例

不仅限于搜索，新版 Bing 还具备功能的体验。在 Edge 网络浏览器上打开新版 Bing，它可以帮我们总结一份长长的 PDF，就像一份收益报告，也像完整的有条理的会议记录；它可以将计算机代码翻译成另一种语言，使其成为一种有用的编程工具；它还可以直接编写电子邮件或社交媒体内容，只要我们确认内容，它就可以为我们直接发出。

可以说，整合了 GPT 的新版 Bing 及新版 Edge 网络浏览器集搜索、浏览、聊天于一体，给人们带来前所未有的全新体验：更高效的搜索、更完整的答案、更自然的聊天，还有高效生成文本和编程的新功能。也就是说，搜索引擎不再只是查询工具，它更像是人们的高级助理。微软公司首席执行官萨蒂亚·纳德拉对此表示，网页搜索的模式已经停滞数十年，而 AI 的加入让搜索进入全新的阶段。

实际上，从传统搜索引擎到基于GPT的搜索引擎的质变，是人类信息获取方式的进一步发展。尤其在人类步入大数据时代之后，寻找信息尤其是高效、快速地寻找高质量的信息，几乎是所有人的困境。科技越不发达的时代，信息搜索的成本越高，在古代，人们需要跨越山海去获取信息；黄页和大英百科全书的出现，将我们常见的问题的答案打包，捆绑在方便的模块中。于是，本来我们需要去图书馆或咨询别人才能解答的问题，在几分钟内就可以得到解决。

再后来，搜索引擎的出现，让我们获取信息的速度进一步提升：只要在键盘上敲下我们的问题，再按下回车键，搜索引擎就能给我们提供相关答案。而GPT的出现让问题和答案之间的距离进一步缩短，人类获取信息的效率又往前迈进了一大步。

从个人对信息需求的角度来看，主动式的信息搜索分为几个步骤，第一步是对意图的理解，第二步是去寻找合适的信息，第三步是寻找到合适的信息之后做理解和整合，第四步就是给出回答。当前传统的搜索引擎，无论是谷歌还是百度，都跳过了第三步，即理解意图，随后进行信息的寻找和匹配，再进行呈现。于是，在传统的搜索模式中，我们输入问题，搜索引擎就会返回一些片段，通常是返回链接列表。而内嵌了GPT的搜索引擎却在这个基础上又多了一步，就是基于理解和整合，给出相应的答案。

从技术发展的角度来看，理论上，GPT是可以取代传统搜索引擎的，但目前，GPT还存在机器幻觉这样的问题——对于一些知识类型的问题，GPT会给出看上去很有道理却是错误答案的内容。并非完全错误但又不够准确的答案不仅会混淆我们的判断，还可能让我们失去对 GPT 的信任。但长期来看，当 GPT 有一天解决了机器幻觉的问题，届时，搜索引擎将真正被颠覆，并将人类的信息搜索带进一个全新的阶段。

3.1.2　成为“打工人”的利器

进入 2023 年，GPT 最重要的变化，就是从聊天工具逐渐转为效率工具，并成为“打工人”的实用工具，而微软则在这个过程中发挥了重要的作用。

2023 年 3 月，在 GPT-4 重磅发布后不久，微软就正式官宣把 GPT-4 模型装进了 Office 套件，推出了全新的 AI 助手——Copilot。在 Copilot 系统中，GPT-4 负责 Word、Excel、PowerPoint 等办公软件和 Microsoft Graph 的类 API 的相互调用。如果说 GPT-4 模型的发布只是让人们看到了 AI 的实力，那么，微软嵌入了 GPT-4 的“Office 全家桶”则真正让人们体验到了 AI 的价值，意味着，我们与计算机的交互方式迈入了新的阶段，真正开启了 AI 协同人类办公的时代。

比如，我们要用 Word 写一个故事，可以直接给 Word 一句简短的描述，它就能帮我们生成初稿。更强大的是，我们可以直接输入其他文件，指定 AI 根据其内容进行创作。生成的内容不仅井井有条，甚至连格式都帮我们排好了。对于 Copilot 生成的内容，如果觉得还不错，那就保留；如果不够满意，也可以调整 AI 设置或再试一次。

有了初稿，我们就可以省去一部分时间，直接在上面进行润色和再创作。Copilot 的智能程度远超我们的想象，因为它还支持 Word 文风在各种语调之间切换，如在专业的场合用术语，在休闲的场合又是另一番描述。

在 Excel 中，使用 Copilot 可以让制作复杂的电子表格变得容易。对于不懂 Excel 里面各种函数调用、宏、VBA 语言的用户而言，基于 Copilot，可以直接用“人话”提出各种问题，它会向我们推荐一些实用的公式。Excel 中的 Copilot 也可以找到数据的相关性，根据问题生成模型，并得出趋势。它还可以即时创建基于数据的 SWOT 分析或数据透视表。

PPT 演示文稿也可以通过 Copilot 直接生成，我们只需输入演示的信息、想要的风格，然后点击生成，一份排版精美、动画丰富的 PPT 演示文稿就诞生了。

除办公软件“三件套”外，微软还在其他办公软件、低代码平台中嵌入了 Copilot 功能。在 Microsoft Teams 中，Copilot 具备转录会议功能，比如，创建一个从会议开始到最后所讲内容的摘要，它还可以回答有关会议的具体问题。另外，Copilot 能根据聊天记录直接生成会议议程，建议由谁跟进特定项目，并建议签到的时间，样样俱全。

通过 Outlook 中的 Copilot 可以使用 AI 来阅读邮件，然后它可以为你自动生成回复。Business Chat 则是微软发布的一个全新工具，它使用 Microsoft Graph 和 AI，将从 Word、PowerPoint、电子邮件、日历、备忘录、联系人等程序中收集的信息汇聚到 Microsoft Teams 的单个聊天界面中，这个界面可以生成摘要、计划。

对于微软来说，Copilot 的意义不限于传统 Office 软件，而是将整个微软办公生态全部打通，邮件、联系人、在线会议、日历、工作群聊等，所有数据全部接入大语言模型，构成新的 Copilot 系统。比如，在线会议开到一半，AI 就能实时做出总结，甚至指出哪些问题还未解决以及接下来需要继续讨论的问题。

对于“打工人”来说，Copilot 的发布，将从根本上改变工作方式，将人们从不断重复的工作中解放出来，从而有更多的时间和精力去完成更高级的创作性工作。只需要打开 Office，然后将我们的想法告诉它，Copilot 就可以代替我们完成后面的工作。

据 GitHub 对使用 Copilot 的用户的调查，88%的人表示工作效率变得更高，74%的人表示可以专注于更令人满意的工作，77%的人表示有助于他们花更少的时间搜索信息或示例。从 GPT 到融合了 GPT 的办公软件，GPT 给人类社会带来的改变一次次地超出了人类的预想。

3.1.3　设计师的必备工具

GPT 正在成为设计师的必备工具——协助设计师更快速地完成设计任务，同时能够提高设计的质量。比如，通过与 GPT 进行对话，设计师可以获取灵感、设计建议、有关用户行为和用户需求的见解。

特别是在 UX/UI 设计的过程中，使用 GPT 的一个关键优势，就是它能帮助生成文案和内容。这可以极大地提高设计师的效率和生产力，为更具战略性和创造性的工作腾出时间。

比如，在过去，想要创建引人入胜且准确的产品描述可能需要耗费大量时间和精力。但无论是 ChatGPT 还是 GPT-4，都可以针对产品描述、关键特点和优势进行训练，并用于为新产品生成产品描述。此外，GPT 可以用于生成标题、标签和其他 UI 元素，确保它们清晰、简明并与整体设计风格保持一致，还可根据各种设计原则和最佳实践进行训练，以便提供建议，帮助设计师做出明智的设计决策。

当然，这些都是 GPT 在设计行业的基础用法，在 OpenAI 没有推出 Sora 功能之前，在文生图方面通常需要搭配 Midjourney、DALL-E 等 AI 工具生成图像。但可预见的是，设计流程将被进一步简化，这不仅极大地提高了设计效率，也降低了设计门槛，甚至对整个设计行业造成冲击。

以 GPT 搭配 Midjourney 为例，这其实是一个典型的“GPT+效应”的例子，简单来说，就是 GPT 模型和其他人工智能程序的“组合拳”。

GPT 是自然语言处理工具，可以帮助设计师快速生成表达设计方案、设计创意的语言文本。Midjourney 则是一款基于 AI 技术的设计辅助工具，可以帮助设计师快速地生成大量的意向图、效果图，大大提高前期设计效率和质量。

先利用 GPT 生成大量的设计方案和创意，然后通过 Midjourney 进行筛选和优化，用户就能完成高质量的设计，“GPT+Midjourney”不仅速度快，而且操作非常简单，无须专业技能就可以使用。2023 年，整个设计行业都面临着来自 AI 的挑战，尤其是一些游戏公司，无论是程序员还是原画师，搭载着各种 AI 设计软件的 GPT 引发了大裁员。GPT 和 Midjourney 的结合使用已经达到一个中级原画师的水平，AI

绘画至少可以帮助原画师完成 50%的前期工作量。在过去，人类为了掌握一种绘画技能，至少需要经历十几年专业的美术训练，付出大量的时间与金钱，不断地学习与练习，但如今正在被 AI 绘画轻而易举地取代。

3.1.4　新闻业的“海啸”

每轮技术革新，都将勾勒出一个新纪元。在 GPT 引领的时代里，所有行业都值得用 GPT 重塑，新闻行业也不例外。新闻业甚至是受 GPT 影响而变动最为剧烈的领域之一，因此，对于 GPT 的回应也最积极。

许多新闻工作者已经从 ChatGPT 获得助力。《纽约时报》专栏作家曼珠认为，ChatGPT 这样的应用将成为许多记者工具包中的常规应用。她在文章中将 ChatGPT 比喻为新型喷气飞行器，虽然有时它会崩掉，但有时它会翱翔、升腾，能够在几秒钟、几分钟内完成过去数小时才能完成的任务。这也让我们意识到，ChatGPT 确实是一种高效的工具，但它究竟能产生多大的价值，依然考验着使用者的能力。

目前，GPT 对于新闻业的影响主要集中于新闻生产阶段。而随着 GPT 系列的升级以及应用程度的加深，它对于新闻业的影响将日益深化。

一方面，GPT 将优化新闻信息的采集与处理。比如，借助 plugins

等插件，ChatGPT 可以快速抓取和采集海量数据，并进行自动处理，如快速浏览文本和生成摘要，为新闻工作者提供有力的数据分析，从而提供见解或启发，帮助记者寻找更独特的写作角度、更有洞察力的思考方向。这种能力提供了一种提升信息获取效率的可能，在资料检索阶段，记者和编辑无须阅读大量全文资料，通过 GPT 的数据分析和语义分析能力生成摘要，即可快速获取核心信息，从而提高工作的效率。

ChatGPT 的语言生成能力还可用于翻译跨语言文本，方便记者和编辑获取不同语种的资料与信息。

另一方面，GPT 还能直接进行新闻内容的生成，提升报道效率。

GPT 具有极强的学习能力和文本生成能力，在联网之后，能迅速采集互联网资料生成新闻内容。通过提示词的设置，GPT 可以生成特定风格的新闻报道。除此之外，GPT 可以应用于生成访谈提纲、文章框架和标题等内容，还能将新闻报道翻译成多种语言，以打破语言边界。部分媒体已将 GPT 纳入新闻内容的生产流程。比如，BuzzFeed 将 ChatGPT 用于测验类内容的生成；2023 年情人节前，《纽约时报》使用 ChatGPT 创建了一个情人节消息生成器，用户只需要输入几个提示指令，程序就可以自动生成情书。

英国新闻网站 Journalism.co.uk 在 2023 年 1 月发表了一篇文章，总结了 ChatGPT 可以为记者完成的八项任务：生成文本和文档的摘要；生成问题和答案；提供报价；制造标题；将文章翻译成不同的语言；生成邮件主题及写邮件；生成社交帖子；为文章提供上下文。美国在线媒体公司 Insider 全球总编辑卡尔森认为，人工智能会让新闻业变得更好，他甚至将 ChatGPT 称为“海啸”：海啸即将来临，我们要么驾驭它，要么被它消灭。

3.1.5　改变教育的 GPT

GPT 改变教育，是一个必然趋势且正在发生着。在 ChatGPT 之前，已经有很多 AI 产品在教育中发挥作用。比如，在幼儿教育、高等教育、职业教育中，AI 已经应用于拍照搜题、分层排课、口语测评、组卷阅卷、作文批改、作业布置等。ChatGPT 的爆发则进一步冲击了当前的教育领域。其中，一个最直接的表现是，学生们开始用 ChatGPT 完成作业。

2023 年，斯坦福大学校园媒体《斯坦福日报》的一项匿名调查显示，大约 17%的受访学生（4497 名）表示，使用过 ChatGPT 来协助他们完成作业和考试。斯坦福大学发言人迪·缪斯特菲表示，该校司法事务委员会一直在监控新兴的人工智能工具，并讨论它们如何与该校的荣誉准则相关联。

在线课程供应商 Study.com 面向全球 1000 名 18 岁以上学生的一项调查显示，每 10 名学生中就有不少于 9 名知道 ChatGPT，超过 89%的学生使用 ChatGPT 来完成家庭作业，48%的学生用 ChatGPT 完成小测验，53%的学生用 ChatGPT 写论文，22%的学生用 ChatGPT 生成论文大纲。

ChatGPT 的突然到来，让全球教育界都警惕起来。为此，美国一些地区的学校不得不全面禁止了 ChatGPT，还有人开发了专门的软件来查验学生递交的文本作业是否是由 AI 完成的。纽约市教育部门发言人认为，ChatGPT“不会培养批判性思维和解决问题的能力”。

哲学家、语言学家艾弗拉姆·诺姆·乔姆斯基更是表示，ChatGPT 在本质上是“高科技剽窃”和“避免学习的一种方式”。乔姆斯基认为，学生本能地使用高科技来逃避学习是“教育系统失败的标志”。

当然，在高举反对大旗的同时，也有不同的声音以及对此的反思。某国内高校老师对 ChatGPT 的态度是“打不过就加入”，让 ChatGPT 变成教学中的一个非常重要的工具。因为更应关注的是学生提问题的能力，也就是上完课之后，学生会对 ChatGPT 提什么样的问题，想去了解什么样的知识，这才是重点。

同样，香港科技大学副教授黄岳永在他的一门课程中，明确鼓励学生做期中报告时使用 ChatGPT，并承诺一旦使用可给予加分。他认为，ChatGPT 将对未来的学习方式产生深远和不可逆转的影响，能够提升学生的知识深度和创造力，并呼吁教育界尽快实践其应用和讨论其影响。

事实上，任何一项新技术，尤其是革命性的技术出现，都伴随着争论。如汽车的出现，曾经就引发了马车夫的强烈抵制。而客观来看，人工智能时代到来是必然的趋势，只是 GPT 让我们设想中的人工智能时代更具象了。GPT 不仅能帮助我们处理工作，还能处理得比我们好。这必然会引发一些人反对。但无论我们是反对，还是选择拥抱，最终都不会改变人工智能时代的到来。

对于教育领域而言，关键不在于 GPT 是否为学生写作业，或者代学生写论文。对于应试教育而言，如果只是将孩子培养成知识库与解题机，那么我们与人工智能这种基于大数据的资料库竞争就完全是没有出路的。

很显然，拥抱 GPT，并且在教学中让其成为学生获取知识的辅助工具，能在最大限度上解放老师的填鸭式与照本宣科式的教学工作，而让老师有更多的时间思考如何进行启发式与创新思维的培养。在人工智能时代，如果我们继续以标准化试题、标准化答案的方式进行教育训练，我们就会成为第一次工业革命时代的那群马车夫。

3.1.6　当 GPT 勇闯金融行业

2023 年，GPT 的热潮席卷各行各业之时，也到达了金融行业。实际上，在 GPT 出现之前，人工智能技术早已被应用于金融行业，而 GPT 则为人工智能在金融行业的应用添了一把火。

比如，2023 年 3 月 14 日，OpenAI 在发布 GPT-4 时公布了 6 个使用案例，其中就包括摩根士丹利财富管理部门运用 GPT-4 来组织调动其面向客户的知识库。摩根士丹利表示，其是“首家获得 OpenAI 新产品的财富管理战略客户”，也是“少数 GPT-4 发布组织之一”。摩根士丹利财富管理部门将使用 GPT-4“获取、处理和合成内容，以洞察公司、行业、资产类别、资本市场和世界各地地区的方式，吸收其资管广泛的智力资本”。

摩根士丹利维护着的一个内容库，包含数十万页涵盖投资策略、市场研究和评论，以及分析师的见解。这些大量的信息分布在许多内部网站上，主要以 PDF 的形式呈现，需要顾问们浏览大量信息才能找到特定问题的答案。

从 2022 年开始，摩根士丹利探索如何通过 GPT 的嵌入和检索功能利用智库——先后用 GPT-3 和 GPT-4 搭建模型，该模型将驱动一个面向内部的聊天机器人，在财富管理内容中执行全面搜索，并有效地释放财富管理部门积累的知识。

2023 年 5 月，美国商业银行摩根大通提交了一款名为 IndexGPT 的产品申请，申请中明确指出，IndexGPT 使用了以 ChatGPT 为代表的人工智能技术。摩根大通计划使用由 GPT 模型驱动的人工智能大语言模型，学习并解读相关官员在讲话中透露的信号，来预测利率政策可能出现变化的时间点。AI 程序根据学习结果编制了一套“鹰鸽指数”，这套指数按 0～100 分打分，0 分代表美联储可能采取降息等宽松政策，100 分代表美联储可能采取加息等紧缩政策。摩根大通经济学家洛普顿认为：“初步结论显示，AI 预测的结果令人鼓舞，但我们相信 AI 技术在金融市场上的运用还远未到成熟的黄金期，未来仍有很大的进步空间。”

Two Sigma 是一家总部位于美国的量化对冲基金公司，拥有超过 2000 名员工，管理超过 500 亿美元的资产。Two Sigma 利用 ChatGPT 分析财务报表和新闻内容，以识别潜在的投资机会和风险。通过利用 ChatGPT 的自然语言处理能力和大规模语料库，Two Sigma 可以自动化分析大量的数据，并从中提取有用的信息，以更好地了解相关公司业绩和市场趋势，并作出更明智的投资决策。

2023 年 6 月 7 日，金融科技公司 Broadridge 子公司 LTX 宣布，通过 GPT-4 打造的 BondGPT 已投入使用，主要用于帮助回答客户各种与债券相关的问题，增强 10.3 万亿美元的美国公司债券市场的流动和价格发现。

Broadridge 创立于 2007 年，专为银行、券商、资产管理公司等金融机构提供技术解决方案。为了增强 ChatGPT 的输出准确性和满足金融业务场景需求，LTX 将 Liquidity Cloud 中的实时债券数据输入到 GPT-4 大语言模型中，帮助金融机构、对冲基金等简化债券投资流程以及提供投资组合建议。比如，投资者可以提问：有哪些收益率为 5%～8%的汽车债券在 2030 年后到期？在过去 30 天的时间里，哪些电信类债券的收益最高？近 5 年，哪些零售企业的债券收益最高？BondGPT 则会回答符合需求的公司名字、利率、价格、发布日期、到期日期、债券评级等信息。可以说，GPT 的能力已在人类财富管理顾问之上。

GPT 在金融行业的应用还有很多，几乎全球范围内各大金融机构都对此进行了尝试。随着 GPT 和基于 GPT 开放的 AI 金融工具的深入应用，我们或许很快就能看到金融行业的变革。

3.1.7　GPT 通过司法考试

GPT 正在走进法律行业，通过司法考试就是信号之一。

美国大多数州统一的司法考试（UBE），有 3 个组成部分：选择题（多州律师考试，MBE）、作文（MEE）、情景表现（MPT）。选择题部分由来自 8 个类别的 200 道题组成，通常占整个司法考试分数的 50%。基于此，研究人员对 OpenAI 的 text-davinci-003 模型（GPT-3.5，ChatGPT 是 GPT-3.5 面向公众的聊天机器人版本）在选择题部分的表现进行了评估。

为了测试实际效果，研究人员购买了官方组织提供的标准考试准备材料，包括练习题和模拟考试。每个问题的正文都是自动提取的，选项与答案分开存储。随后，研究人员分别对 GPT-3.5 进行了提示工程、超参数优化及微调的尝试。结果发现，超参数优化和提示工程对 GPT-3.5 的成绩表现有积极影响，而微调则没有效果。

最终，GPT-3.5 在完整的选择题考试中达到了 50.3%的平均正确率，大大超过了 25%的基线猜测率，并且在证据和侵权行为两个类别上都达到了平均通过率。尤其是证据类别，以 63%的准确率与人类水平持平。在证据、侵权行为和民事诉讼的类别中，GPT-3.5 落后于人类应试者的差距细微到可以忽略不计。总体来说，这一结果大大超出了研究人员的预期，证实了 ChatGPT 对法律领域为一般理解，而非随机猜测。

不仅如此，在佛罗里达农工大学法学院的入学考试中，ChatGPT 取得了 149 分，排名在前 40%，解答阅读理解类题目的表现最好。

可以说，目前的 GPT 虽然并不能完全取代人类律师，但可见 AI 正在快速进军法律行业。科技成果被广泛应用到法律服务中已经成为不争的事实，GPT 将深刻影响法律服务业和法律服务市场的未来走向。

一方面，从“有益”的角度考量，GPT 用得好，律师下班早。在可预期的时间内，伴随着 GPT 被持续性地“喂养”大量的法律行业的专业数据，针对简要的法律服务工作，GPT 将完全应对自如。如果律师需要检索案例或法条，只需要将关键词输入 GPT，就可以立刻获得想要的；对于基础合同的审查，可以让 GPT 提出初步意见，然后由律师进一步细化和修改；如果需要进行案件中的金额计算，如交通事故、人身损害的赔偿，GPT 也可以迅速给出数据；此外，对于校对和翻译文本、文件分类、制作可视化图表、撰写简要的格式化文书，GPT 也可以轻松胜任。

也就是说，在法律领域，GPT 完全可以演化成“智能律师助手”，帮助律师分析大量的法律文件和案例，提供智能化的法律建议和指导；可以变成“法律问答机器人”，回答法律问题并提供相关的信息和建议。GPT 还可以进行合同审核、辅助诉讼、分析法律数据等，从而提高法律工作者的效率。

另一方面，我们需要面对的是，当普通法律服务能够被人工智能所替代时，从事类似工作的律师岗位就会慢慢地退出市场，这必然会对一部分律师的存在价值和功能定位造成冲击。显然，与人类律师相比，AI 律师的工作更为高速和有效，而它所要付出的劳动成本却较少，因此，相关的收费标准或将降低。

未来，随着 GPT 的加入，法律服务市场的供求信息更加透明，在线法律服务产品的运作过程、收费标准等更加开放，换言之，GPT 在提供法律服务时所具有的便捷性、透明性、可操控性等特征，将会成为吸引客户的优势。在这样的情况下，律师的业务拓展机会、个人成长速度、专业“护城河”的构建都会受到非常大的影响。

要知道，传统的律师服务业是一个“以人为本”的行业，即以人为服务主体和服务对象的。当 GPT 在律师服务中主导一些简单案件的解决时，律师服务市场将会形成服务主体多元化的现象，人类律师的工作和功能将被重新定义和评价，法律服务市场的商业模式也会发生改变。而对于司法这样一个规则性与标准性非常清晰的领域，未来基于 GPT 的司法体系将会更加有效地保障法治的公平、公正。

3.1.8　掀起医疗革命

GPT 进一步加速了 AI 在医疗领域的应用落地，无论是辅助诊断，还是医药研发，医疗 GPT 都展现出令人兴奋的应用前景。

1. 从辅助诊断到医疗服务

在医疗领域，ChatGPT 及 GPT-4 都展现出了不输于人类的诊断水平。

美国执业医师资格考试以难度大著称，而美国研究人员经测试却发现，ChatGPT 无须经过专门训练或加强学习就能通过或接近通过这一考试。参与这项研究的研究人员主要来自美国医疗保健初创企业——安西布尔健康公司。他们从美国执业医师资格考试官网于 2022 年 6 月发布的 376 个考题中筛除基于图像的问题，让 ChatGPT 回答剩余的 350 道题。这些题类型多样，既有依据已有信息给患者下诊断这样的开放式问题，也有诸如判断病因之类的选择题。两名评审人员负责阅卷打分。

结果显示，去除模糊不清的回答后，ChatGPT 的得分率为 52.4% 至 75%，而得分率为 60%左右即可视为通过考试。其中，ChatGPT 所做的 88.9%的主观回答包括“至少一个重要的见解”，即见解较新颖、临床上有效果且并非人人能看出来。研究人员认为，“在这个出了名难考的专业考试中达到及格分数，且在没有任何人为强化（训练）的前提下做到这一点”，这是人工智能在临床医学应用方面“值得注意的一件大事”，这显示了“大语言模型可能有辅助医学教育，甚至临床决策的潜力”。

除通过美国医考外，ChatGPT 的问诊水平也得到了业界的肯定。《美国医学会杂志》发表研究性简报，针对以 ChatGPT 为代表的在线对话人工智能模型在心血管疾病预防建议方面的使用合理性进行探讨，表示 ChatGPT 具有辅助临床工作的潜力，有助于加强患者教育，减少医生与患者沟通的壁垒和成本。

该简报透露，根据心血管疾病三级预防保健建议和临床医生治疗经验，研究人员设立了 25 个具体问题，涉及疾病预防概念、风险因素咨询、检查结果和用药咨询等。每个问题均向 ChatGPT 提问 3 次，3 次回答都由 1 名评审员进行评定，只要有 1 次回答有明显医学错误，就可直接判断为“不合理”。

结果显示，ChatGPT 回答的合理概率为 84%（21/25）。仅从这 25 个问题的回答来看，在线对话人工智能模型回答心血管疾病预防问题的结果较好，具有辅助临床工作的潜力。

2023年9月，ChatGPT帮助一名在3年内求医无果的男孩找出了病因。这名4岁男孩在一次运动后，身体出现剧痛情况。他的母亲先后带他看了17名医生，从儿科到骨科，进行了核磁共振等一系列检查，但没能找出真正的病因。他的母亲以不抱太大希望的心态，尝试求助ChatGPT，ChatGPT却根据描述和检查报告，给出了正确的建议。还有网友在网络上分享用GPT-4成功诊断了自家狗的一种病况。

目前，已有许多公司基于GPT研发相关的医疗应用软件。比如，美国人工智能医疗保健公司Viz.ai利用GPT-3模型，开发了一款名为Viz LVO的软件，该软件可以帮助医生在患者脑卒中的紧急情况下快速识别和定位血栓；美国人工智能影像公司Caption Health利用GPT模型，开发了一款名为Caption Guidance的软件，该软件可以自动分析超声图像并提供诊断建议。美国人工智能病理技术公司PathAI利用GPT模型开发了一款名为PathAI的软件，该软件可以自动分析组织切片图像，提供肿瘤诊断和预测。

ChatGPT不仅能够帮助患者寻医问诊，还能在医疗服务中发挥作用。事实上，在全球范围内，医生工作的很大一部分时间用在了各种各样的文书及行政工作上，这挤压了医生能够与患者进行更重要的病情诊断和沟通的时间。在2018年美国的一项调研中，70%的医生表示，他们每周在文书及行政工作上花费10个小时以上，其中近三分之一的人花费了20个小时或更长时间。

英国圣玛丽医院的两名医生于2023年2月6日发表在《柳叶刀》上的评述文章指出，医疗保健是一个具有很大的标准化空间的行业，特别是在文档方面，我们应该对这些技术进步做出反应。其中，“出院小结”就被认为是 ChatGPT 的一个典型应用，因为其格式大多是标准化的。ChatGPT 在医生输入特定信息的简要说明、需详细说明的概念和医嘱后，在几秒钟内即可输出正式的出院摘要。这一过程的自动化可以减轻低年资医生的工作负担，让他们有更多的时间为患者提供服务。

当然，对于医疗行业来说，目前的 GPT 还不够完美，存在提供的信息不准确甚至虚构的现象，在医疗这个专业门槛很高的行业中应用它时应更加审慎。但无论如何，GPT 已经打开了一个全新的 AI 医疗应用阶段。未来，当科学家们扫清了 GPT 落地的一切障碍时，互联网医疗的时代将会被加速开启，未来人们可以借助 GPT 进行在线问诊。

2. 推动制药进步

除在就医问诊方面发挥作用外，GPT 还有望推动疾病与药物研究的革新。对于医药研发来说，ChatGPT 可以起到两大作用：一是以自然语言为媒介，打破以往“计算机+生命科学”的交互方式及门槛；二是深度生成模型可为生物医药带来新的活力，提升研发效率与质量。

通常，一款药物的研发分为药物发现和临床研究两个阶段。

在药物发现阶段，需要科学家先建立疾病假说，发现靶点，设计化合物，再展开临床前研究。而传统药企在药物研发过程中必须进行大量的模拟测试，研发周期长、成本高、成功率低。根据《自然》的分析数据，一款新药的研发成本约26亿美元，耗时约10年，而成功率则不到1/10。其中，仅发现靶点、设计化合物环节就障碍重重，包括苗头化合物筛选、先导化合物优化、候选化合物的确定及合成等，每一步都面临较高的淘汰率。

对于传统研药，发现靶点往往需要通过不断的实验筛选，从几百个分子中寻找有治疗效果的化学分子。此外，人类思维有一定趋同性，针对同一个靶点的新药，有时难免结构相近，甚至引发专利诉讼。最终，一种药物可能需要对成千上万种化合物进行筛选，即便这样，也仅有几种能顺利进入最后的研发环节。要知道，多数潜在药物的靶点都是蛋白质，而蛋白质的结构即2D氨基酸序列折叠成3D蛋白质的方式决定了它的功能。一个只有100个氨基酸的蛋白质，已经非常小了，但就是这么小的蛋白质，可以产生的形状种类依然是一个天文数字。这也正是蛋白质折叠一直被认为是一个即使大型超级计算机也无法解决的难题的原因。然而，人工智能却可以通过挖掘大量的数据集来确定蛋白质碱基对与它们的化学键的角之间的可能距离——这是蛋白质折叠的基础。

生命科学领域的风投机构Flagship Pioneering因孵化出Moderna公司而闻名，其创始人、麻省理工学院生物工程专业博士努巴尔·阿费扬认为，人工智能将在21世纪改变生物学，就像生物信息学在20世纪改变生物学一样。

努巴尔·阿费扬指出，机器学习模型、计算能力和数据可用性的进步，让以前悬而未决的巨大挑战正在被解决，并为开发新的蛋白质和其他生物分子创造了机会。2023年，他的团队发表的成果表明，这些新工具能够预测、设计并生成全新的蛋白质，其结构和折叠模式经过逆向工程编码实现所需的药用功能。

当药物研发经历药物发现阶段、成功进入临床研究阶段时，则进入了整个药物批准程序中最耗时且成本最高的阶段。临床试验分为多阶段进行，包括临床 I 期（安全性），临床 II 期（有效性）和临床 III 期（大规模的安全性和有效性）的测试。传统的临床试验中，招募患者的成本很高，信息不对称是需要解决的首要问题。CB Insights 的一项调查显示，临床试验延后的最大原因来自人员招募环节，约 80%的试验无法按时找到理想的试药志愿者。但这一问题可以被人工智能技术解决。比如，人工智能可以利用技术手段从患者的医疗记录中提取有效信息，并与正在进行的临床研究进行匹配，从而在很大程度上简化招募过程。

在制药领域，早在 2019 年，美国化学期刊 *ACS Central Science* 上的一篇论文就描述了如何使用 GPT 相关技术识别新的抗菌药物。剑桥大学的研究人员已利用 ChatGPT 确定了一个治疗阿尔茨海默病的新靶点；加利福尼亚大学的研究人员通过 ChatGPT 分析电子健康记录，识别了现实环境中存在的潜在药物相互作用的关系。

2023 年，不少人工智能制药公司都将 GPT 问答加入自己的研发平台中。比如，药物研发公司晶泰科技自主开发了大分子药物 De novo 设计平台 XuperNovo®，该平台包含一系列大分子药物的设计策略，其中一款策略在内部被称为 ProteinGPT，其技术路线与 ChatGPT 相似，可以一键生成符合要求的蛋白药物。

当然，将 GPT 真正用于制药还需要研究和探索，假以时日，GPT

可能就真正有助于新药研发，尤其对于靶向药物的开发，将会因为GPT技术的介入而大幅提速、大幅降低成本。

3.1.9 手机里的心理医生

一直以来，科学家们都在设法实现心理治疗的智能化。随着人工智能和智能手机的发展，开发者构建了数千个心理健康方面的手机程序，让人们能轻松获取相关治疗。一项统计显示，2021年出现了1万～2万个心理健康类别的手机程序，但它们能起到多大的作用仍待探讨。GPT的诞生给这一问题带来了转机。

发表在《英国医学杂志》旗下期刊《家庭医学与社区健康》上的一项研究发现，在遵循抑郁症治疗标准方面，ChatGPT比医生做得更好，而且不存在医患关系中常见的性别或身份偏见。换句话说，在诊断抑郁症方面，ChatGPT能给出比大部分心理医生更准确的判断。

这项研究由英国和以色列的研究人员联合进行，他们将人工智能工具对轻度和重度抑郁症病例的评估，与1249名法国初级保健医生的评估进行了比较。结果显示，对于轻度抑郁症病例，只有不到5%的医生会根据临床指导推荐病人进行心理治疗，大多数医生建议进行药物治疗（48%）或实施心理治疗加处方药（32.5%），而ChatGPT和GPT-4分别在95%和97.5%的病例中选择了心理治疗这一选项。对于重度病例，很多医生建议实施心理治疗加处方药（44.5%），而ChatGPT选择此项的比例更高——72%，GPT-4则达到了100%，这更符合临床指南的要求。值得一提的是，在参与评估的 10 名医生中，有 4 名医生建议只开处方药，而两个版本的 GPT 都没有做出这项选择。

研究过程显示，GPT 在调整治疗方案以符合临床指南方面表现出了比医生更高的准确性。相关研究人员还表示，在 GPT 系统中，没有发现与性别和社会经济地位相关的可识别的偏见。而作为人类的心理医生，则很难保证自己的诊断完全不受社会偏见的影响。

虽然 GPT 在实际心理治疗中的应用仍处于摸索阶段，但其在提高心理咨询可及性方面已经显示出了巨大的潜力，把“心理医生装进手机”离我们不再遥远。

3.1.10　科研领域的新生产力

2023 年，GPT 的热潮波及了科学研究领域。要知道，科学的发展是一个不断猜想、不断检验的过程。对于科学研究，研究者先提出假设，然后根据这个假设去构造实验、搜集数据，通过实验对假设进行检验。在这个过程中，研究者需要进行大量的计算、模拟和证明，与此同时，还有大量的文书工作需要完成。而在几乎每一个步骤当中，人工智能都有很大的用武之地。

在 ChatGPT 刚走红时，国际顶尖学术期刊《自然》在一周内刊发两篇文章讨论 ChatGPT 及生成式人工智能（Artificial Intelligence Generated Content，AIGC）对学术领域的影响。文中称，由于任何作者都承担着对所发表作品的责任，而人工智能工具无法做到这点，因此任何人工智能工具都不会被接受为研究论文的署名作者。文章同时指出，如果研究人员使用了有关程序，应该在方法或致谢部分加以说明。

《科学》杂志则直接禁止投稿使用 ChatGPT 生成文本。2023 年 1 月 26 日，《科学》通过社论宣布，正在更新编辑规则，强调不能在作品中使用由 ChatGPT（或任何其他人工智能工具）所生成的文本、数字、图像或图形。社论特别强调，人工智能程序不能成为作者。如有违反，将构成学术不端行为。

但趋势已经摆在眼前，事实证明，科研领域确实无法拒绝 GPT。

一方面，GPT 可以提高学术研究基础资料的检索和整合效率，如一些审查工作，而研究人员就能更加专注于实验本身。今天，GPT 已经成了许多学者的数字助手，计算生物学家 Casey Greene 等人，就用 GPT 来修改论文。5 分钟，GPT 就能审查完一份手稿，甚至连参考文献部分的问题也能发现。神经生物学家 Almira Osmanovic Thunström 觉得，大语言模型可以被用来帮学者们写经费申请，从而节省出更多的时间。当然，GPT 在现阶段仅能做有限的信息整合和写作，无法代替深度、原创性的研究。因此，GPT 可以反向激励学术研究者开展更有深度的研究。

面对 GPT 在学术领域发起的冲击，我们不得不承认的一个事实是，在人类世界当中，有很多工作是无效的。比如，当我们无法辨别文章是机器写的还是人写的时候，说明这些文章已经没有存在的价值了。而 GPT 正是推动学术界进行改变及创新的推动力，GPT 能够发现和甄别那些形式主义的文本，包括各种报告、大多数的论文，人类也能够借 GPT 创造出真正有价值和贡献的研究。

另一方面，GPT 还可以成为科研领域的直接生产力。2023 年 6 月，纽约大学坦登工学院的研究人员就通过 GPT-4 造出了一个芯片。具体来说，GPT-4 通过与操作人员的对话，生成了芯片设计和制造中非常重要的一部分代码，而根据 GPT-4 所设计的芯片方案进行生产之后，获得的结果是一个完全符合商业标准的产品。要知道，一直以来，芯片产业就被认为是门槛高、投入大、技术含量极高的领域。在没有专业知识的情况下，人们是无法参与芯片设计的，但 GPT 做到了。

这意味着，在 GPT 的帮助下，芯片设计行业的大难题——硬件描述语言（Hardware Description Language，HDL）将被攻克。编写 HDL 代码需要非常专业的知识，对很多工程师来说，掌握 HDL 是非常困难的。如果 GPT 可以替代编写 HDL 代码的工作，工程师就可以把精力集中在攻关更有用的事情上，芯片开发的速度将大大加快，并且芯片设计的门槛将大大降低，没有专业技能的人也可以设计芯片了。

2023 年 12 月，卡内基梅隆大学和翡翠云实验室的联合研究团队基于 GPT-4 开发了一种全新的自动化 AI 系统——Coscientist，它可以设计、编码和执行多种反应，完全实现了化学实验室的自动化。实验评测中，Coscientist 利用 GPT-4，在人类的提示下检索化学文献，成功设计出一个反应途径来合成一个分子。更令人震惊的是，Coscientist 在短短 4 分钟内，一次性复现了 2010 年诺贝尔化学奖的获奖研究——钯催化偶联反应。

当前，科学家仍在积极探索 GPT 在科研方面的应用前景，从药物筛选、材料研发到机器人开发、设计芯片，从微观体系到宏观预测。

科学大爆发的时代，已经不再遥远。

3.2 给机器人装上 GPT 大脑

尽管机器人的发展历史已久，但一直以来，受制于包括人工智能技术在内的各项技术，机器人都没有实现真正的突破，不仅物理躯体不灵活，智能大脑也并不智能。而 GPT 系列的爆发，使机器人产业迎来发展的新篇章。

3.2.1 GPT 给机器人带来了什么

在 ChatGPT 技术获得突破之前，人工智能除在特定的解构蛋白方面有了明显的突破外，在其他领域并没有取得预期中的突破。

人体的神经控制系统是一个非常奇妙的系统，是人类经历几万年训练所形成的。目前的机器人，无论是单纯的思考性方面，还是硬件的协调控制方面，都处于起步阶段。市场上的机器人在很大程度上只能做一些数据的统计与分析工作，包括具有规则的读听写，所擅长的就是将事物按不同的类别进行分类，还不具备理解真实世界的逻辑性、思考性。

也就是说，在 ChatGPT、GPT-4 这种生成式大语言模型出现之前，我们所有的人工智能技术从本质上来说还不是“智能”的，只能做基于深度学习与视觉识别的一些大数据检索而已。

GPT 为机器人的应用和发展打开了新的想象空间。作为一种大型预训练语言模型，ChatGPT 的出现标志着自然语言处理技术迈上了新台阶，也标志着人工智能的理解能力、语言组织能力、持续学习能力更强，更标志着 AIGC 在语言领域取得了新进展，生成内容的范围、有效性、准确度大幅提升。

ChatGPT 嵌入了人类反馈强化学习和人工监督微调，因此具备了理解上下文的能力。在对话中，ChatGPT 可以主动记忆先前的对话内容信息，即上下文理解，辅助假设性问题的回复，实现连贯对话，提升我们和机器交互的体验。简单来说，GPT 具备了类人语言逻辑的能力，这种特性让其能够在各种场景中发挥作用。比如，给 GPT 一个话题，它就可以写小说框架。除此之外，GPT 还能有效地屏蔽敏感信息，并在无法回答某些内容时提供相关建议。

事实上，对于机器人来说，GPT 为机器人带来的核心突破就是增加了对话理解能力，这在过去是我们无法想象的——基于硅基的智能真正被训练成功，它不仅能够理解人类的语言，还能以人类的语言表达方式开展交流。

3.2.2　向真正的智能进发

当然，GPT 的能力还未达到人类的阅读与文字理解水平，因为它还是基于强大的算法和计算机编码的一种运算识别机制。但这种机制的理解力已经具备了一定的准确性与逻辑性，这也正是 GPT 让我们感到意外的地方，即基于强大的算力，GPT 已经具备了相当程度的理解能力和学习能力。

当我们向 GPT 提供一段文字、一篇文章，它能够从中快速地总结与提炼出要点，并像人类的思考和学习一样，有效地引导它自身的智能。

可以预见，以 GPT 的强大学习能力，再结合参数与模型的优化，它将很快在一些专业领域达到专家级水平。一旦将理解自然语言、具备自主进化能力的 GPT 接入机器人，就会解决了机器人发展的一个核心问题，那就是智能大脑。

2023 年 4 月，ChatGPT 的母公司 OpenAI 领投挪威机器人公司 1X Technologies。1X Technologies 不负所望，在一场机器人比赛中，其出品的 EVE 击败了特斯拉公司的 Optimus。EVE 的部分软件功能就是由 ChatGPT 提供支持的，也就是说，ChatGPT 实体化已经应用在现实场景中了，并且展现出了不弱的实力。

同月，人工智能专家圣地亚哥 · 瓦尔达拉玛发布了接入 ChatGPT 的机器狗 Spot，并在社交平台上分享了他与改造版 Spot 互动的视频。接入 ChatGPT 后，Spot 最大的变化就是听得懂人话，并且能够与使用者用自然语言进行交流。瓦尔达拉玛演示了一个视频，他跟 Spot 说，因为它太碍事，导致房间太拥挤了，让它往后站，话音刚落，Spot 就理解了瓦尔达拉玛的意思，往后退了几步。Spot 在回答人类问题时，它的躯体会随着语句的内容和语调一起摆动。对于一些可回复“Yes”或“No”的简单问题，它还会用“点头”或“摇头”等身体语言代替语音来回答。

要知道，过去操作 Spot 需要使用类似无人机的大型遥控器或者通过计算机向其输入复杂的指令，在结束工作后会产生大量的数据，只有专业的技术人员才能从这些数据中分析出问题。而 ChatGPT 的加入，赋予了 Spot 强大的自然语言理解能力，与机器人交互变得容易了。当机器人的操作门槛变低之后，机器人的使用场景就会随之丰富起来。

2023 年底，东京大学和日本 Alternative Machine 公司发布了由 GPT-4 驱动的人形机器人。不编程，也不训练，只是拿 GPT-4 当“脑子”，这个人形机器人 Alter3 就能做出非常多的动作，如扮鬼脸、自拍等。

这就意味着，目前对机器人研发最大的制约，已经不在于智能大脑，而在于物体躯体的灵活性方面。当智能大脑和物理躯体方面都取得了突破并实现商业化应用的时候，也就意味着真正的人机协同时代全面到来。

3.3　AI Pin，一场崭新的实验

在 2023 年 GPT 发展大事件中，AI Pin 是一个“破圈”式的存在。

2023 年 11 月 9 日，初创公司 Humane 发布了 AI Pin——一款可以挂在衣服上的 AI 设备。凭借特殊的可穿戴产品形态，以 GPT-4 作为核心驱动，以及前苹果公司高管背书，硬件产品 AI Pin 一鸣惊人、吸

睛无数。“智能手机终结者”“AI 时代的新 iPhone”等评论纷至沓来，甚至在还没正式开售的情况下，《时代》杂志就直接把它评为“2023年最佳的 200 件发明”之一。

3.3.1 别在衣服上的 AI Pin

先来认识一下 AI Pin，这款 AI 硬件产品属于可穿戴设备。推出这款产品的美国公司 Humane 有两名联合创始人，均为苹果公司的前员工，而微软、OpenAI 等都是 Humane 的投资者。

AI Pin 由两部分组成——方形的设备和可通过磁性吸附在物体表面的电池组（见图 3-7）。AI Pin 小巧轻便，总质量为 55 克，就像一个徽章一样，可以戴在包上、衣服上。

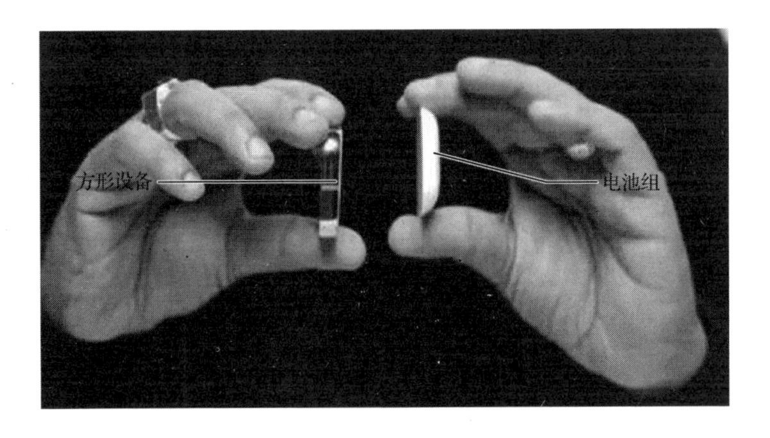

图 3-7　AI Pin 由方形设备和电池组两部分

根据介绍，戴着它出去玩两三天也不用担心续航问题。AI Pin 不仅在剧烈活动下能够保持良好状态，而且在各种表面上都进行了 1.5 米的抛落测试。区别于以往的智能手机、智能手表、增强现实眼镜，AI Pin 没有屏幕，其采用单色投影的方式，能够将虚拟画面映射在手上，同时可以应用触摸、语音、手势等多种人机交互方式。

AI Pin 主要用到的就是设备前面的触控板和语音操控。单指轻点触摸板唤醒设备，单击、滑动便可接听电话、调节音量，双指点击可拍照、录像。

一些比较复杂的功能可直接用语音操控实现，Humane 将设备的语音助手命名为 AI Mic，如果你想听歌，只需要单指长按触控板并说出需求。你可通过语音唤醒激光投影，摊开手掌就是一个显示屏（见图 3-8），倾斜手掌就能控制光标的方向：手掌左倾就是向前切歌，向下倾斜就是暂停播放。

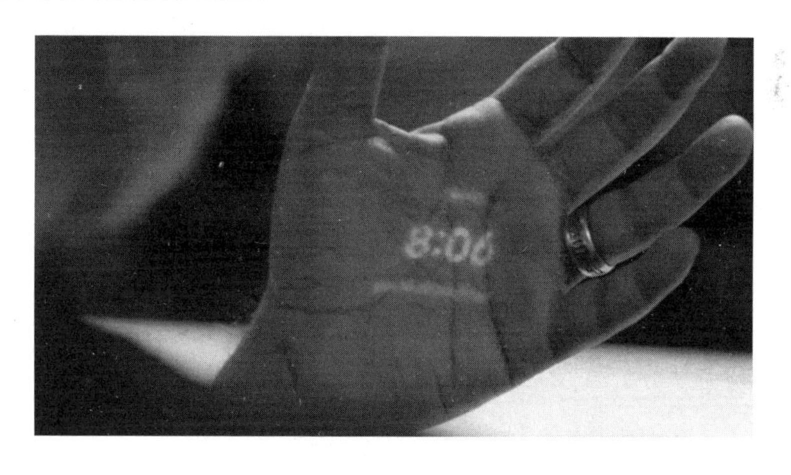

图 3-8　手掌即可作为 AI Pin 的投影显示屏

当然，最关键的是，AI Pin 搭载了官方自研的 COSMOS 操作系统，支持访问 GPT，能够将用户提出的问题通过自动查询 GPT 并给出答案，因此设备无须使用第三方 App，这不仅让 AI Pin 成了市面上为数不多的大语言模型 AI 硬件，也是 AI Pin 拥有诸多功能的基础。

比如，我们可以让 AI Pin 给朋友打电话或发信息。其中，写信息是由大模型来完成的，在写好之后，AI Pin 还会咨询我们的意见，如果不满意，我们可以再向 AI Pin 提出要求，它会再根据要求补充或修改。AI Pin 还能充当我们的私人助理，直接通过语音唤出它，就可以交流事项的进展。

AI Pin 利用多模态大模型能力，可以识别食物、书本等物体，提供（食物）营养成分、（书本）价格等信息。比如，我们随手抓一把杏仁，问问 AI Pin，这些杏仁里含有多少蛋白质，它马上就能给出答案；我们随手拿起一本书，它能准确识别这是什么书，并把书里讲了什么以及售价告诉我们。

此外，AI Pin 支持实时翻译，两个人面对面说话，AI Pin 可将双方的不同语言进行实时翻译并输出，从而提升交流效率；由于产品实时联网，AI Pin 可以根据用户喜好来推荐音乐和餐厅。

从售价来看，AI Pin 其实并不便宜，除一次性购买设备的 699 美元外，每月还得另交 24 美元的订阅费购买 AI 功能——事实上，AI Pin 真正的“灵魂”，正是 OpenAI 每月 24 美元的 GPT 服务。

3.3.2　AI Pin 是一个尝试和开始

AI Pin 一经发布，就在市场上掀起了讨论和热潮，很多人都说 AI Pin 会颠覆手机产业。Humane 自己也认为，这是继手机之后，人与数字世界的下一代交互工具。

作为一款创新产品，AI Pin 至少带来了两个方面的影响。

一方面，AI Pin 的发布吹响了 AI 硬件冲锋的号角，类似 AI Pin 的智能终端，有望重构未来的边缘 AI 设备，成为大模型落地的重要载体。边缘 AI 设备，是指嵌入式系统或智能终端，能够在设备本地执行 AI 算法而无须依赖云计算。

我们最熟悉的边缘 AI 设备就是智能手机，智能手机通常配备了强大的处理器和专用的神经网络加速器（如 AI 芯片），可以在本地执行语音识别、图像识别、自然语言处理等 AI 任务，而无须将数据传输到云端。这种在设备本地执行 AI 任务的能力使得智能手机可以更快速、更安全地响应用户需求，并且降低了对网络的依赖。

现在，AI Pin 有望进一步推动边缘 AI 设备的发展，使其在性能、功耗、体积等方面实现更大的突破和提升。这将为 AI 技术在各个行业的应用提供更为广阔的空间，促进智能化技术在日常生活和工作中的普及和深入应用。因此，AI Pin 的发布不仅是一次产品发布，更代表了 AI 硬件领域的新进展和未来发展方向。

另一方面，作为新一代 AI 助手，AI Pin 会对下一代交互方式产生影响。AI Pin 采用了先进的语言理解和多模态处理技术，使它能够像人类一样同时理解语音和视觉信息。这项技术的突破使 AI Pin 不仅能够简单地回答问题，还可以根据图像内容进行交互，真正实现自然的人机对话。

随着 AI 技术的不断发展，可以预见，人类与智能设备的交互会变得越来越自然、智能和便捷。这或将导致传统的设备类别被重新定义。通过高度融合，手机、增强现实设备、笔记本计算机等设备可能演变为基于 AI 的智能终端形态。这些智能终端可以根据我们的位置、场景和需求自动调整交互模式，为我们提供个性化、智能化的服务。

当然，AI Pin 想要真正进入市场，被消费者们普遍接受，或许还要经历诸多考验。但 AI Pin 作为尝试和开始的意义毋庸置疑。未来，AI 助手将成为我们生活中不可或缺的一部分，它们将深度理解我们的需求，并提供适合的帮助。我们将生活在一个智能环境中，可以通过语音、手势甚至意念，与智能设备自由交流。

Sora 降世，创造现实

4.1 全网刷屏的 Sora

2024 年 2 月 15 日，OpenAI 发布了第一款文生视频模型——Sora，通过它能够生成时长为一分钟的高保真视频，一石激起千层浪。毕竟，2023 年初 ChatGPT 给人们带来的震撼还历历在目，这才过去了一年，OpenAI 又打开了新局面。

事实上，根据文字生成视频的工具曾出现过，今天的很多剪辑软件也附带这样的功能，但 Sora 的呈现是令人惊艳的，许多人在看过 OpenAI 发布的样片后直呼“炸裂”“史诗级”。尽管 Sora 仍处于开发早期阶段，但它的推出已经标志着人工智能的发展又迎来了一个新的里程碑。

对人类而言，如果没有经过专业的训练，就无法将一段文字通过图片或视频的方式精准地表达出来。比如，我们要绘制或设计一幅广告，在缺乏美术技能与设计训练的情况下，很难使图像具有美感，即很难将一段文字精准地抽象成艺术的表现方式。而 Sora 对于文字的精准理解，以及高清的艺术抽象表达，再次让我们看到了人工智能在机器智能方面的跃迁。

4.1.1　三大突出性

相比同类型的文生视频应用，Sora 处于“王炸”级别，其突出性主要表现在 3 个方面：“创造现实”“超长长度”“单视频多角度镜头”。

1. 创造现实

如果用一句话来形容 Sora 带给我们的震撼，那就是“以前不相信是真的，现在不相信是假的”，其实说的是 Sora “创造现实”的能力。OpenAI 官方公布了数十个示例视频，充分展示了 Sora 在这方面的强大能力：人物的瞳孔、睫毛、皮肤纹理，都逼真到看不出一丝破绽，使得 AI 视频与现实的差距更难区分。

比如，对 Sora 输入以下文字：“一位时尚的女士穿着黑色皮夹克、长红裙和黑色靴子，手拿黑色手袋，在东京一条灯光温暖、霓虹灯闪烁、带有动感城市标志的街道上自信而随意地行走。她戴着太阳镜，涂着红色口红。街道路面潮湿且有反光效果，倒映着色彩缤纷的灯光。许多行人在街上来往。”

从图 4-1 中 Sora 直接生成的视频截图来看，简直像是实拍而成的。Sora 生成的视频里，物体运动轨迹也很自然，画面的清晰度和顺畅程度，都像我们用视频设备拍摄的。

图 4-1　Sora 文生视频的截图

可以说，之前的 AI“文生视频”都还是在“模拟现实”，而 Sora 则是“创造现实”。区别在于，前者是对现实的模仿，而后者则需要捕捉现实世界的物理规则，实现动态变化的难度是非常高的。Sora 是在虚拟世界里构建另外一种现实，其学习的不仅是像素与画面，还有现实世界的“物理规律”。

举个例子，我们如果在下过雨或者有积水的地面上行走，水面会映出我们的倒影，这是现实世界的物理规则。Sora 生成的视频，就能做到“水面映出倒影”。但之前的 AI 文生视频工具，则需要不断地调教，才能产出较为逼真的视频。

2. 超长长度

此前主流的 AI 生成视频时长均为 4～16 秒，还“卡成 PPT”。而 Sora 弯道超车，直接将时长拉到 60 秒，且画面表现媲美视频素材库，完全可以放进影片当空镜。1 分钟的时长可以应对短视频的创作需求，OpenAI 称，如果需要，时长可超过 1 分钟。

3. 单视频多角度镜头

Sora 生成的视频还具有“单视频多角度镜头”的特点。多角度镜头，也就是多机位，是指使用两台或两台以上的摄影机，对同一场面同时进行不同角度、不同方位的拍摄。多角度镜头可使观众从多个不同的角度观看画面，给人以身临其境的感觉。它所展现的空间更全面、视点更细腻、角度更开放、长度更自由。

要知道，此前的 AI 文生视频工具，都是“单镜头单生成”的。一个视频中有多角度的镜头，主体才能保证完美的一致性，这在以前，甚至在 Sora 诞生之前，都是无法想象的，但现在，Sora 做到了。

除用文字生成视频外，Sora 还支持视频到视频的编辑，包括向前扩展、向后扩展。Sora 可以从一个现有的视频片段出发，通过学习其视觉动态和内容，生成新的帧来扩展视频的时长。这意味着，它可以制作出多个版本的视频开头，每个开头都有不同的内容，但都平滑过渡到原始视频的某个特定点。同样，Sora 能够从视频的某个点开始，向后生成新的帧，从而将视频延长至所需的长度。这可以创造出多种结局，每个结局都是从相同的起点开始，但最终导向不同的情景。Sora 的时间扩展功能为视频编辑和内容创作提供了前所未有的灵活性和创造性，可按照创作者的意图制作具有特定结构和风格的视频作品。

此外，如果对 Sora 生成视频的局部（如背景）不满意，直接更换就可以了。Sora 甚至可以拼接完全不同的视频，使之合二为一、前后连贯。通过插值技术（插值是对原图像的像素进行重新分布，从而改变像素数量的一种方法。“插值”程序会自动选择信息较好的像素用于增加、弥补空白像素的空间，而并非只使用邻近的像素，所以在放大图像时，图像看上去比较平滑、干净。简单来说，插值技术就是对图像的自动提取、优化与生成），Sora 可以在两个不同主题和场景的视频之间创建无缝过渡。Sora 的这些功能极大地扩展了视频编辑的可能性，使创作者能够更加自由地表达自己的创意，同时也为视频编辑领域带来了新的技术和方法。

当然，Sora 可以生成高质量的图片，是通过在一定的时间范围内，将高斯噪声的视觉块排列在每一帧的空间网格中实现的。这种方法允许模型生成各种尺寸的图像，分辨率高达 2048 像素×2048 像素。Sora 的图像生成能力展示了其在视觉创作领域的强大潜力，在落地应用方面可满足不同的场景和需求。

4.1.2 在文生视频领域一骑绝尘

在 Sora 诞生之前的 AIGC（Artificial Intelligence Generated Content，人工智能生成内容）领域已经出现了许多文生视频的相关应用——头部大模型研发商几乎都研发了文生视频大模型，如谷歌的 Lumiere 及 Stability AI 的 SVD（Stable Video Diffusion），甚至已经诞生了专注于多媒体内容创作大模型的“独角兽”，如 Runway 和 Pika。

与许多“拿着锤子找钉子”式的“技术驱动型”大模型创业团队

不同，Runway 的 3 名创始人 Cristóbal Valenzuela、Alejandro Matamala 和 Anastasis Germanidis 均来自纽约大学艺术学院，他们看到了“人工智能在创造性方面的潜力”，于是“共商大计”，致力于开发一套服务于电影制作人、摄影师的工具。

Runway 先开发了一系列细分到不能再细分的专业创作者辅助工具，针对性地满足视频帧插值、背景去除、模糊效果、运动追踪、音频整理等需求；随后参与到图像生成大模型 Stable Diffusion 的开发中，积累 AIGC 在静态图像生成方面的技能点，并获得了参与《瞬息全宇宙》等大片制作的机会——在《瞬息全宇宙》里，许多复杂的特效制作就是由 Runway 完成的。

2023 年 2 月，Runway 发布了第一代产品 Gen-1，普通用户能通过 iOS 设备进行免费体验，除“真实图像转黏土”“真实图像转素描”这些滤镜式功能外，还可以“文本转视频”，使 Gen-1 成为首批投入商用的文生视频大模型；2023 年 6 月，Runway 发布了第二代产品 Gen-2，训练量上升至 2.4 亿张图像和 640 万段视频剪辑。2023 年 8 月，火爆 B 站、全网播放量超过千万次、获得郭帆点赞的 AIGC 作品《流浪地球 3》预告片，正是基于 Gen-2 制作的。

文生视频领域的竞争者还有很多，Pika 是该赛道上的另一位佼佼者。Pika Labs 成立于 2023 年 4 月，同年 11 月发布首个产品 Pika 1.0。Pika 1.0 能够生成和编辑 3D 动画、动漫、卡通和电影，允许普通用户对其进行加工，被视为一款零门槛的“视频生成神器”。

PixVerse 是一款基于人工智能技术的视频生成工具，可以将图像、文本和音频的多模态输入转化为视频。PixVerse 提供自定义选项，可以为生成的视频添加独特的艺术风格，确保个性化。

Morph Studio 则是市面上首个开放给公众自由测试的文本到视频生成工具，支持 1080 像素的高清画质，能制作出长达 7 秒的视频片段，生成的视频画面细腻、光影效果较佳。如果与 Pika 做对比，业内玩家认为在语义理解方面，Morph Studio 的表现优于 Pika。此外，Morph Studio 可以实现变焦、平移（上下左右）、旋转（顺时针或逆时针）等多个摄像机镜头运动的灵活控制。

此外，领域内的工具还有 Stable Video 和 Meta 的 Emu Video 等。但无论是哪一款人工智能文生视频工具，在 Sora 面前都不值一提。

Sora 公开后，有业内玩家对几家公司的产品做了对比测评：向 Sora、Pika、Runway 和 Stable Video 四个模型输入相同的提示词。结论是，Sora 在生成时长、连贯性等方面都有显著的优势。特别是生成时长上，与其他的人工智能模型对比，Pika 为 3 秒，Runway 为 4 秒，Sora 生成的视频可达 60 秒，而且分辨率非常高，视频中的基本物理现象也比较吻合。

4.1.3 仍有进步空间

Sora 的消息一经发布就引起了市场的热议，占据了人工智能领域的话题中心。

马斯克在社交平台 X 上的网友评论区四处留下“人类愿赌服输（gg humans）”“人类借助 AI 之力将创造出卓越作品”等评论。

Runway 联合创始人兼 CEO Cristóbal Valenzuela 感慨，以前需要花费一年的进展，变成了几个月就能实现，又变成了几天、几小时（见图 4-2）。

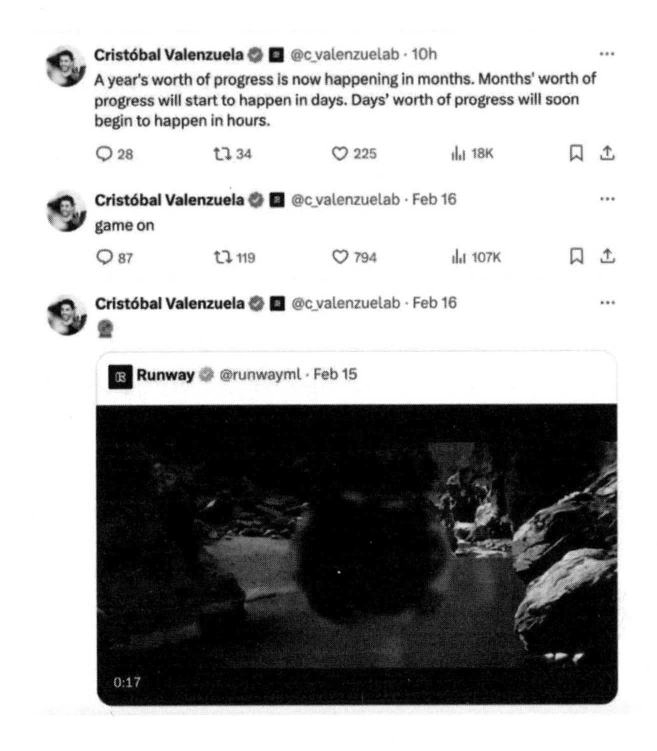

图 4-2　Runway 联合创始人兼 CEO Cristóbal Valenzuela 对 Sora 的评价

出门问问公司创始人李志飞在朋友圈感叹："LLM ChatGPT 是虚拟思维世界的模拟器，以 LLM 为基础的视频生成模型 Sora 是物理世界的模拟器，物理和虚拟世界都被建模和模拟了，到底什么是现实？"

360 公司创始人周鸿祎对此发了一条长微博和一个视频，预言 Sora"可能给广告业、电影预告片、短视频行业带来巨大的颠覆，但它不一定那么快地击败 TikTok，更可能成为 TikTok 的创作工具。"他认为 OpenAI“手里的武器并没有全拿出来”“通用 AI 不是 10 年、20 年的问题，可能也就一两年，很快就可以实现”。

这些评论让我们看到了业界对 Sora 的肯定，但实际上，如果仔细观看 OpenAI 发布的示例视频，就会发现 Sora 生成的一些错误，比如，当向 Sora 输入的文本是“一个被打翻了的玻璃杯溅出液体来”时，显示的是玻璃杯融化成桌子，液体跳出了玻璃杯，但没有任何玻璃碎裂的效果。再如，人们从沙滩里突然挖出来一把椅子，但椅子居然处于漂浮状态，因为 Sora 认为椅子是一种极轻的物质。

这一方面证明了 Sora 的“清白”——正如 OpenAI 在发布 Sora 的博客文章下方特意强调其展示的所有视频示例均为实际生成的，确实是人工智能才会在文生视频里犯的错误。另一方面，这些奇怪的镜头也说明了 Sora 虽然能力惊人，但仍有进化的空间。

不过，Sora 在文生视频领域姗姗来迟，就算是错漏百出，也已经在时长、逼真度等方面将同行远远甩在自己身后。更重要的是，Sora 让我们看到了人工智能以不可思议的进化速度在发展。要知道，看起来并不聪明、只支持生成“4 秒视频生成”并且“掉帧明显到像幻灯片”的 Gen-2 是 2023 年 6 月发布的产品，而 8 个月后，Sora 就发布了；2023 年 11 月，Meta 发布的视频生成大模型 Emu Video，看起来在 Gen-2 的基础上更进一步，支持 512 像素×512 像素、每秒 16 帧的“精细化创作”，但 3 个月之后的 Sora 已经能够做到生成任意分辨率和长宽比的视频，并且能够根据开发者技术论文执行一系列图像和视频编辑任务，从创建循环视频到即时向前或向后延伸视频，再到更改现有的视频背景等，成为 OpenAI 在大模型领域超强实力的又一次证明。

如果技术的发展是有迹可循的，那么技术的突破节点是无法预测的。在算力仍受到不同程度制约的情况下，Sora 就这样横空出世了，这也让很多人更加期待 GPT-5 的发布。

4.2　Sora 技术解读

毋庸置疑，Sora 向我们展示了人工智能在理解和创造复杂视觉内容方面的先进能力，预示着一个全新的视觉叙事时代的到来。它能够将人们的想象力转化为生动的动态画面，将文字的描述转化为视觉的盛宴。Sora 能够创造出高度详细的场景，到底是怎么做到的呢？

4.2.1　用大模型的方法理解视频

与过去的任何 AI 视频生成工具都不同，Sora 最大的特点就是引入了大模型的方法，这也就是 Sora 会成功的原因。

具体来看，Sora 的视频生成过程是一个精细复杂的工作流程，分为 3 个主要步骤：视频压缩网络、时空块提取，以及基于 Transformer 模型的视频生成。

视频压缩网络是 Sora 处理视频的第一步，它的任务是将输入的视频内容压缩成一个更加紧凑、低维度的表示形式。这一过程类似于将一间杂乱无章的房间打扫干净并重新组织。我们的目标是，用尽可能少的盒子装下所有东西，同时确保日后能快速找到所需之物。在这个过程中，我们可能会将小物件装入小盒子中，然后将这些小盒子放入更大的箱子里。这样，我们就可以用更少、更有组织的空间存储同样多的物品。视频压缩网络正是遵循了这一原理，它将一段视频的内容“打扫和组织”成一个更加紧凑、高效的形式（即降维），旨在捕捉视频中最为关键的信息，同时去除那些对生成目标视频不必要的细节。这不仅大大提高了处理速度，也为接下来的视频生成打下了基础。那么，Sora 是怎么做的呢？

这时我们需要知道一个概念，那就是块（patches）。块有些类似于大语言模型中的 Token，指的是将图像或视频帧分割成一系列小块区域。这些块是模型处理和理解原始数据的基本单元。对于视频生成模型而言，块不仅包含了局部的空间信息，还包含了时间维度上的连续变化信息。模型可以通过学习块与块之间的关系来捕捉运动、颜色变化等复杂视觉特征，并基于此重建新的视频序列。这样的处理方式有助于模型理解和生成视频中的连贯动作和场景变化，从而实现高质量的视频内容生成。

只不过，OpenAI 又在块的基础上，将其压缩到低维度潜在空间，再将其分解为“时空块”（spacetime patches）。其中，潜在空间是指一个高维数据通过某种数学变换（如编码器或降维技术）后所映射到的低维空间，这个低维空间中的每个点通常对应于原始高维数据的一个潜在表示或抽象特征向量。本质上，潜在空间就是一个能够在复杂性降低和细节保留之间达到近乎最优的平衡点，它极大地提升了视觉保真度。

时空块则是指从视频帧序列中提取的、具有固定大小和形状的空间-时间区域。相较于块而言，时空块强调了连续性，模型可以通过时空块来观察视频内容随时间和空间的变化规律。为了制造这些时空块，OpenAI 训练了一个网络，即视频压缩网络，用于降低视觉数据的维度。这个网络接收原始视频作为输入，并输出一个在时间和空间上都进行了压缩的潜在表示。Sora 在这个压缩后的潜在空间中进行训练和生成视频。同时，OpenAI 也训练了一个相应的解码器模型，用于将生成的潜在向量映射回像素空间（见图 4-3）。

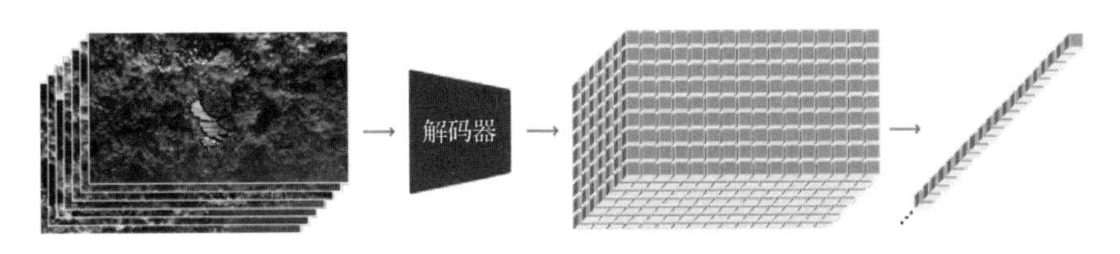

图 4-3　解码器可将潜在向量映射回像素空间

经过视频压缩网络处理后，Sora 接下来会将这些压缩后的视频数据进一步分解为所谓的“时空块”。这些时空块可以视为构成视频的基本元素，每一个时空块都包含了视频中一小部分的空间和时间信息。这一步骤使得 Sora 能够更细致地理解和操作视频内容，并在之后的步骤中进行有针对性的处理。

最后一步，基于 Transformer 模型，Sora 会根据给定的文本提示和已经提取的时空块，生成最终的视频内容。在这个过程中，Transformer 模型会决定如何将这些单元转换或组合，包括“涂改”初始的噪声视频，逐步去除无关信息，添加必要细节，最终生成与文本指令相匹配的视频。通过数百个渐进的步骤，Sora 能够将这段初看似无意义的噪声视频转变为一个精细、丰富且符合用户指令的视频作品。

通过这 3 个关键步骤的协同工作，Sora 就能够将文本提示转化为具有丰富细节和动态效果的视频内容。而 Sora 最先进也最具创新的地方就在于融合了扩散模型和 Transformer 模型，通过基于 DALL-E 3 的扩散模型和基于 GPT 的大模型组合，Sora 不用预测序列中的下一个文本，而是预测序列中的下一个“块”。这意味着 Sora 是基于“块”，而非整个视频进行训练的，这有点类似 GPT 用 Token 处理文本一样处理视频，因此，Sora 可以高效处理更多的数据，输出质量也会更高。

4.2.2 物理世界的“涌现”

Transformer 模型结构是当前主流大模型的基础结构，而 Sora 选择“扩散模型+Transformer 模型”路线，除有强大的算力支持外，也体现出了 OpenAI 整个团队对大模型和其“涌现”能力的深刻认识。

正如 OpenAI 在技术报告里提到的，在长期的训练中，OpenAI 发现 Sora 不仅能够生成视觉上令人印象深刻的视频内容，而且还能模拟复杂的世界互动，展现出惊人的三维一致性和长期一致性。这些特性共同赋予了 Sora 在视频内容创作中的巨大优势，使其成为一个强大的工具，能够在各种情境下创造出既真实又富有创意的视觉作品。

所谓三维一致性，指的是 Sora 能够生成动态视角的视频。同时随着视角的移动和旋转，人物及场景元素在三维空间中仍然保持一致的运动状态。这种三维一致性不仅增加了生成视频的真实感，也极大地扩展了创作的可能性。无论是环绕一个跳舞的人物旋转的摄像机视角，还是在一个复杂场景中的平滑移动，Sora 都能够以高度真实的方式再现这些动态。

值得一提的是，这些属性并非通过为三维物体等添加明确的“归纳偏置”而产生——它们纯粹是规模效应的现象。也就是说，是 Sora 自己根据训练的内容，判断出了现实世界中的一些物理客观规律，某种程度上，人类如果仅仅是通过肉眼观察，也很难达到这样的境界。

并且，在生成长视频内容时，维持视频中的人物、物体和场景的一致性是一项巨大挑战。Sora 展示了在视频的多个镜头中准确保持角色的外观和属性的能力。这种长期一致性确保了即使在视频持续时间较长或场景变换频繁的情况下，视频内容也能保持逻辑性和连续性。比如，即使人物、动物或物体被遮挡或离开画面，Sora 仍能保持这些元素存在于视线外，等到视角转换到能看到它们的时候，再将这些元素展现出来。同样，它能够在单个样本中生成同一角色的多个镜头，并在整个视频中保持其外观的一致性。

Sora 的模拟能力还包括模拟人物与环境之间的互动，这些微不足道的细节极大地增强了视频内容的沉浸感和真实性。通过精细地模拟这些互动，Sora 能够创造出既丰富又具有高度真实感的视觉故事。

基于这些特性，才有了 OpenAI 的结论，即视频生成模型是构建物理世界通用模拟器的一条有前景的道路。Sora 目前所展现的能力也确实表明，它能通过观察和学习来了解物理规律。人工智能能理解物理世界的规律，并能够生成视频来模拟物理世界——这在过去，是人们不敢想象的。

4.2.3 Sora模型的下一步演化

对于Sora模型模拟物理世界的路径到底行不行得通，目前还存在争议。

当然，Sora的支持者们坚定地认为Sora有望实现数据驱动物理世界。OpenAI认为其产品Sora是“构建物理世界通用模拟器的有望路径”，英伟达科学家Jim Fan提出“Sora是一个数据驱动的物理引擎”。

但客观来说，Sora作为一个模拟器还存在着不少局限性。Sora在其生成的48个视频样片中留了不少穿帮画面，如在模拟基本物理交互时的准确性仍然不足。从现有的结果来看，它还无法准确模拟许多基本交互的物理过程，以及其他类型的交互。物体状态的变化并不总是能够得到正确的模拟，这说明很多现实世界的物理规则是没有办法通过现有的训练来推断的。在Jim Fan看来，目前Sora的理解是脆弱的，远非完美，仍会产生严重、不符合常识的“幻觉”，还不能很好地掌握物体的相互作用。

这跟数字孪生还存在着本质上的区别，可以说，Sora能构建的是一种模拟仿真世界，而并非真实物理世界的数字化生成与驱动。

在网站首页上，OpenAI详细列出了模型的常见问题，如在长视频中出现的逻辑不连贯，或者物体会无缘无故地出现。又如，随着时间的推移，有的人物、动物或物品会消失、变形或生出分身；出现一些违背物理常识的画面，像穿过篮筐的篮球、悬浮移动的椅子。如果将这些镜头放到影视剧里或者作为长视频的素材，需要做很多修补工作。

也有一些观点对Sora的生成路径表示了质疑。比如，一直将“世界模型”作为研究重心的图灵奖得主杨立昆表示：“仅根据文字提示生成逼真的视频，并不代表模型理解了物理世界。人工智能生成视频的过程与基于世界模型的因果预测完全不同”。杨立昆提出，AIGC 模型在文本领域的应用是可行的，因为文本内容是由离散且数量有限的符号组成的，结构化程度较高，预测过程中的不确定性相对容易管理。然而，当涉及更高层次、更多模态时，情况就变得复杂得多。视频包含了丰富的高维连续感官信息，其中的不确定性极难预测。对此，杨立昆也提出了自己的解决方案：V-JEPA（Joint Embedding Predictive Architecture，联合嵌入预测架构）。Perplexity AI 的首席执行官也表示：Sora 虽然令人惊叹，但还没有准备好对物理进行准确的建模。

但不可否认，虽然 Sora 的诞生没有非常纯粹原创的技术，很多技术成分早已存在，但 OpenAI 却比所有人都更笃定地走了下去，并用足够多的资源在巨大的规模上验证了它——纽约大学助理教授谢赛宁发表多篇推文进行分析，推测整个 Sora 模型可能有 30 亿个参数。

Sora 能否模拟物理世界还有待时间验证，但希望已经摆在了我们的眼前。

4.3　揭秘 Sora 团队

除 Sora 的性能、技术原理引起人们的关注外，Sora 团队成员同样引人注目。毕竟，对于 Sora 这样一个震惊世界的 AI 模型，人们也难免好奇，到底是什么样的团队，才能开发出这样的旷世大作？

4.3.1 13 人组成的团队

根据 Sora 官网公布的信息，Sora 的作者团队一共有 13 位（见图 4-4）。

Authors

Tim Brooks
Bill Peebles
Connor Holmes
Will DePue
Yufei Guo
Li Jing
David Schnurr
Joe Taylor
Troy Luhman
Eric Luhman
Clarence Wing Yin Ng
Ricky Wang
Aditya Ramesh

图 4-4 Sora 的作者团队成员名单

Tim Brooks 在 OpenAI 领导了 Sora 项目，他的研究重点是开发能模拟现实世界的大型生成模型。Tim Brooks 本科就读于卡内基梅隆大学，主修逻辑与计算，辅修计算机科学，其间在 Facebook 软件工程部门实习了 4 个月。2017 年，本科毕业的 Tim Brooks 先到谷歌工作了近两年，在 Pixel 手机部门中研究 AI 相机，之后到了伯克利人工智能研究实验室攻读博士。在伯克利读博期间，Tim Brooks 的主要研究方向就是图片与视频生成，他还在英伟达实习并主导了一项关于视频生成的研究。回到校园后，Tim Brooks 与导师 Alexei Efros 教授，以及同小组的博士后 Aleksander Holynski（目前就职于谷歌）一起研制了 AI 图片编辑工具 InstructPix2Pix。2023 年 1 月，Tim Brooks 顺利毕业并取得博士学位，转而加入 OpenAI，并相继参与了 DALL-E 3 和 Sora 的工作。

共同领导 Sora 项目的另一位科学家 Bill Peebles 与 Tim Brooks 师出同门，仅比 Tim Brooks 晚 4 个月毕业，Bill Peebles 专注于视频生成和世界模拟技术的开发。Bill Peebles 本科就读于麻省理工学院，主修计算机科学，参加了 GAN 和 text2video 的研究，还曾在英伟达深度学习与自动驾驶团队实习，研究计算机视觉。毕业后正式开始读博之前，Bill Peebles 还参加了 Adobe 的暑期实习，研究的依然是 GAN。在 FAIR 实习期间，他和现纽约大学华人教授谢赛宁合作，研发出了 Sora 的技术基础——DiT。

Connor Holmes 在微软实习了几年后，成为微软的正式员工，随后在 2023 年底跳槽到了 OpenAI。Connor Holmes 一直致力于解决在推理和训练深度学习任务时遇到的系统效率问题。在 LLM、BERT 风格编码器、循环神经网络（RNNs）和 UNets 等领域，他都拥有丰富的经验。

Will DePue 高中就读于 Geffen Academy at UCLA，这是一所大学附属中学，招收 6～12 年级的学生。在 12 年级（相当于国内高三）时，Will DePue 创立了自己的公司 DeepResearch，后被 Commsor 收购。2021 年，Will DePue 毕业于密歇根大学，获计算机科学专业学士学位。

2023年7月，他加入OpenAI。2003年出生的Will DePue也是团队中年纪最小的一位。

Yufei Guo虽然没有留下履历，但在OpenAI的GPT-4技术报告和DALL-E 3技术报告里，都有其参与并留名。

Li Jing本科毕业于北京大学，在麻省理工学院取得了物理学的博士学位，他的研究领域包括多模态学习和生成模型，曾经参与了DALL-E 3的项目开发。

David Schnurr于2012年加入了后来被Amazon收购的Graphiq，带领团队做出了现在的Alexa的原型。2016年他跳槽到了Uber，3年之后加入OpenAI。

Joe Taylor之前的工作经历涵盖了Stripe、Periscope.tv、Square以及自己的设计工作室Joe Taylor Designer。他于2004—2010年在旧金山艺术大学学习新媒体/计算机艺术，并获得美术学士学位。值得一提的是，在加入Sora团队之前，Joe Taylor曾经在ChatGPT团队工作过。

Eric Luhman专注于开发高效和领先的人工智能算法，其研究兴趣主要在生成式建模和计算机视觉领域，尤其是在扩散模型方面。

Troy Luhman和Clarence Wing Yin Ng则相对神秘，并没有在网上留有相关信息。

Ricky Wang是一名华裔工程师，曾经在Meta工作多年，2024年1月才加入OpenAI。

Aditya Ramesh本科就读于纽约大学，并在杨立昆实验室参与过一些项目，毕业后直接被OpenAI录用。他曾经领导过DALL-E 2和DALL-E 3项目，可以说是OpenAI的“元老”了。

4.3.2　一个年轻的科研团队

Sora 团队成员，最大的特点就是年轻。

团队中既有本科毕业的“00 后”，也有刚刚博士毕业的研究人员。其中，Bill Peebles 和 Tim Brooks 作为应届博士生直接担当研发负责人带领 Sora 团队，两人都毕业于加州大学伯克利人工智能研究实验室（BAIR），导师同为计算机视觉领域的顶尖专家 Alyosha Efros。并且，从团队领导和成员的毕业和入职时间来看，Sora 团队成立的时间也比较短，尚未超过 1 年。

Sora 团队虽然年轻，但团队成员的经历不容小觑。

从工作经历来看，Sora 团队成员大部分来自外部的科技公司，其中人数来源最多的外部公司是科技巨头 Meta 和亚马逊，还有来自微软、苹果、推特、Instagram、Stripe、Uber 等知名科技公司以及《连线》（*Wired*，知名科技杂志）等。

与此同时，许多团队成员也都是参与过 OpenAI 多个项目的“资深老兵”。在 OpenAI 的技术项目中，Sora 团队成员参与人数最多的是 DALL-E 3 项目，共有 5 人参与过，占团队总人数的近 3 成，分别是：重点关注开发模拟现实世界的生成式大模型的科学家 Tim Brooks；在微软工作时以外援形式参与了 DALL-E 3 的推理优化工作的科学家 Connor Holmes；创建了 OpenAI 的文生图系统 DALL-E 的元老级科学家 Aditya Ramesh；重点关注多模态学习和生成模型的华人科学家 Li

Jing 和公开资料少有显示的华人科学家 Yufei Guo。

其次是 GPT 项目，共有 3 人参与过，占团队总人数的近 2 成，分别是 Aditya Ramesh、Yufei Guo 以及 2019 年就加入 OpenAI 的高级软件工程师 David Schnurr，他们分别参与了 GPT-3、GPT-4 和 ChatGPT 关键技术项目的研发。

可以看到，Sora 团队成员在计算机视觉领域有着深厚的技术积累，特别是近 3 成团队成员有参与 DALL-E 项目的研发经验，这对之后成功研发 Sora 打下了坚实的基础。此外，团队研究人员的研究方向大多集中在图片与视频生成、模拟现实世界的技术开发、扩散模型等视觉模型以及多模态学习和生成模型方面，这也为 Sora 的成功奠定了坚实的理论支撑。

Sora 一词取自日语，意思是天空，寓意着"无限创造潜力"。Sora 团队正如 Sora 的寓意一样，不仅对技术有着极致的追求，也充满了创造力和活力。而 Sora 团队在人工智能图像和视频生成领域的突破，也预示着该团队将在未来的技术革新中扮演重要角色。

4.4 多模态的跨越式突破

多模态技术正处于爆发前夜。

从 GPT-4 的"惊艳亮相"，到 AI 视频生成工具 Pika 1.0 的"火爆出圈"，再到谷歌 Gemini 的"全面领先"，多模态都是其中的关键词。

今天，Sora 的发布，更是把多模态技术带向了一个新的发展阶段。凭借强悍的处理多种类型信息的能力，Sora 不仅代表着多模态 AI 的跨越式突破，还将进一步拓展人工智能的应用领域，推动人工智能向通用化方向发展。

4.4.1　多模态是人工智能的未来

多模态并非新概念，早在 2018 年，“多模态”就已经作为人工智能未来的一个发展方向，成为人工智能领域研究的重点。

多模态，顾名思义，多种模态。具体来看，“模态”（modality）是德国理学家赫尔姆霍茨提出的一种生物学概念，即生物凭借感知器官与经验来接收信息的通道，人类有视觉、听觉、触觉、味觉和嗅觉等模态。从人工智能和计算机视觉的角度来说，模态就是感官数据，包括最常见的图像、文本、视频、音频数据，也包括无线电信息、光电传感器、压触传感器等数据。

对于人类来说，多模态是指将多种感官进行融合，对于人工智能来说，多模态则是指多种数据类型再加上多种智能处理算法。举个例子，传统的深度学习算法专注于用单一的数据源训练其模型。比如，计算机视觉模型是在一组图像上训练的，自然语言处理模型是在文本内容上训练的，语音处理则涉及声学模型的创建、唤醒词检测和噪声消除。这种类型的机器学习就是单模态人工智能，其结果都被映射到一个单一的数据类型来源。而多模态人工智能是计算机视觉和交互式人工智能模型的最终融合，为计算器提供更接近于人类感知的场景。

究其原因，不同模态都有各自擅长的事情，而这些数据之间的有效融合，不仅可以实现比单个模态更好的效果，还可以做到单个模态无法完成的事情。相较于单模态、单任务的技术，多模态技术可以实现模型与模型、模型与人类、模型与环境等多种交互。当前很火的AIGC，可以通过文本生成图像甚至视频，就是多模态人工智能的典型应用。此外，输出多模态信息的生成任务，如根据文字描述，自动输出混合了图、文、视频内容的展示文稿；跨模态的理解任务，如自动为视频编配语义字幕；跨模态的逻辑推理任务，如根据输入的几何图形给出有关定理的文字证明，也都是多模态人工智能的应用。

目前我们最熟悉的多模态技术还是文生图或者文生视频，但这已经展现了人工智能在整合和理解不同感知模态数据方面的强大潜力。比如，在医疗领域可以通过结合图像、录音和病历文本，提供更准确的诊断和治疗方案；在教育领域，将文本、声音、视频相结合，呈现更具互动性的教育内容。

展望未来，随着技术的不断发展和突破，人工智能有望在多模态能力上进一步提升，从而实现更加精准、全面的环境还原，特别是在机器人领域和自动驾驶领域。

在机器人领域，通过强大的多模态人工智能系统，机器人仅凭视觉系统就能对现场环境进行快速准确的还原。这种“还原”不仅包括精准的 3D 重建，还可能涵盖光场重建、材质重建、运动参数重建等方面。通过结合视觉数据和其他感知模态数据（如声音、触觉等），机器人可以更全面地理解周围环境，从而实现更加智能、灵活的行为和交互。

在自动驾驶领域，通过结合多模态感知数据，包括视觉、雷达、激光雷达等，自动驾驶汽车可以实时感知道路、车辆和行人等各种交通参与者，准确判断交通情况并做出相应的驾驶决策。这将大大提高自动驾驶汽车的安全性和适应性，使其成为下一代智能交通的重要组成部分。

另外，人工智能的多模态能力还将在娱乐和创意领域展现出巨大的潜力。比如，人工智能可以通过观察一只小狗的生活影像，为一个 3D 建模的玩具狗赋予动作、表情、体态、情感、性格，甚至虚拟生命。这种技术可以为游戏开发、虚拟现实等领域带来更加生动和真实的虚拟角色和场景。同时，人工智能还可以解释和转换动画片导演用文字描述的拍摄思路，实现场景设计、分镜设计、建模设计、动画设计等一系列专业任务。这将极大地提高动画制作的效率和创意性，为动画产业带来新的发展机遇。

不仅如此，多模态能力对于实现真正的通用人工智能至关重要。显然，真正的 AGI 必须能像人类一样即时、高效、准确、符合逻辑地处理这个世界上所有模态的信息，完成各类跨模态或多模态任务。这意味着，未来真正的通用人工智能必然是与人类相仿的，能够通过同时利用视觉、听觉、触觉等多种感知模态来理解世界，并且能够将这些不同模态的信息进行有效整合和综合。并且，真正的通用人工智能需要同时从所有模态信息中学习知识、经验、逻辑和方法。

4.4.2 多模态人工智能的爆发前夜

可以看到，相比单模态，多模态人工智能能够同时处理文本、图片、音频及视频等多种信息，与现实世界高度融合，更符合人类接收、处理和表达信息的方式，与人类交互方式更加灵活，表现得更加智能，能够执行更大范围的任务，有望成为人类智能助手。

在这样的背景下，头部科技企业也看到了多模态人工智能的价值，纷纷加强对多模态大模型的投入。

谷歌推出了原生多模态大模型 Gemini，可泛化并无缝地理解、操作和组合不同类别的信息；此外，2024 年 2 月推出的 Gemini 1.5 Pro，使用 MoE 架构首破 100 万 Token 极限的上下文长度，可单次处理包括 1 小时的视频、11 小时的音频、超过 3 万行代码或超过 70 万个单词的代码库。Meta 坚持大模型开源，建设开源生态巩固优势，已陆续开源 ImageBind、AnyMAL 等多模态大模型。

OpenAI 旗下令人瞩目的 GPT-5，相比 GPT-4 实现全面升级，重点突破语音输入和输出、图像输出以及最终的视频输入方向，或将实现真正的多模态人工智能。

此外，2024 年 2 月，OpenAI 发布文生视频大模型 Sora，代表着多模态人工智能的跨越式发展，Sora 能够根据文本指令或静态图像生成 1 分钟的视频，其中包含精细复杂的场景、生动的角色表情以及复杂的镜头运动，同时也接受现有视频扩展或填补缺失的帧，能够很好地模拟和理解现实世界。Sora 的问世将进一步推动多模态人工智能处理技术的发展，为视频内容的生成、编辑和理解等应用领域带来更多创新和可能性。

从语音识别、图像生成、自然语言理解、视频分析，到机器翻译、知识图谱等，多模态人工智能都能够提供更丰富、更智能、更人性化的服务和体验。与单纯通过自然语言进行交互或输入/输出相比，多模态应用显然具备更强的可感知、可交互、可“通感”等天然属性。特别是基于大模型的多模态人工智能，在强大的泛化能力的基础上，可以在不同模态和场景之间实现知识的迁移和共享，将大模型的应用扩展至不同的领域和场景。

如果说 2023 年的 GPT 等大语言模型开启了应用创新的新时代，那么 2024 年，包括 Sora 在内的生机勃勃的多模态人工智能则会把这一轮应用创新推向又一个高潮。新一轮的变革已经开启，人类正在朝着通用人工智能时代坚定地前进。

第5章 Sora 会抢谁的饭碗

5.1 影视制作，一夜变天

作为一种先进的文生视频模型，Sora 的诞生，在影视制作领域掀起了巨大波澜。

通过 Sora 生成的视频，不仅支持 60 秒一镜到底，还能看到主角、背景人物，他们都展现了极强的一致性，同时包含了高细致背景、多角度镜头，以及富有情感的多个角色。一夜之间，几乎所有影视制作行业的从业者们，无论是导演、编剧，还是剪辑师，都感受到了来自 Sora 的巨大冲击。

那么，横空出世的 Sora 将给影视制作行业带来怎样的变化？是引发新一轮的下岗潮，还是迎来“人人都是导演”的新时代？

5.1.1 Sora 并非第一轮冲击

虽然 Sora 诞生后，很多讨论都围绕“Sora 会颠覆影视行业”展开，但实际上，Sora 并不是第一个被认为会颠覆影视行业的 AIGC——AIGC 对影视行业的冲击，很早之前就已经开始了。

AIGC 已经在视频领域取得了显著的突破和进展。比如，Meta 发布的 Make-A-Video 通过配对文本图像数据和无关联视频片段的学习，成功地将文本转化为生动多彩的视频。这一成果不仅加速了文本到视频模型的训练过程，还消除了对配对文本-视频数据的需求。其生成的视频在美学多样性和创意表达上达到了新的高度，为内容创作者提供了强大的工具。

Runway AI 视频生成器则以其易用性和高效性受到广泛关注。通过简单的界面操作，用户就能快速创建出专业品质的视频作品。其自动同步视频与音乐节拍的功能更是大大提升了最终产品的观赏体验。随着 Gen-1 和 Gen-2 等后续版本的推出，Runway AI 在视频创作领域的实力不断增强，为多模态人工智能系统的发展树立了典范。其中，Gen-2 还具有动态笔刷功能，只需要在图像中的任意位置一刷，就能使图像中静止的物体动起来。

Pika 和 Lumiere 的发布进一步推动了 AIGC 在视频领域的应用。Pika 以其对 3D 动画、动漫等多种风格视频的生成和编辑能力，为用户提供了更加丰富的选择。谷歌的 Lumiere 则通过引入时空 U-Net 架构等创新技术，成功实现了对真实、多样化和连贯运动的视频的合成，为视频编辑和内容创建带来了革命性的变革。此外，2023 年 12 月 21 日，谷歌发布了一个全新的视频生成模型 VideoPoet，能够执行包括文本到视频、图像到视频、视频风格化等操作。

可以说，在 Sora 诞生以前，AIGC 在视频领域的发展就已经呈现出了蓬勃的态势。这些先进的模型不仅提升了视频创作的效率和质量，还为创意表达提供了新的可能性。但即便是在这样的背景下，Sora 的诞生仍然引发了行业震动。

与能够一次生成 60 秒以上高质量视频的 Sora 相比，此前的文生视频模型依然与 Sora 有着巨大的差距：Pika 仅能生成 3 秒的视频，Gen-2 video 则可以生成 4 秒的视频。

并且，基于 Sora 生成的视频可以有效模拟短距离和长距离中的人物和场景元素与摄像机运动的一致性，与物理世界产生互动；在主题和场景构成完全不同的视频之间创建无缝过渡，并能转换视频的风格和环境；扩展生成视频，向前和向后延长时间，实现视频"续写"。相较之下，Pika 等难以始终保持同一人物的连贯性。

更重要的是，Sora 不仅具有生成视频的能力，还具有对真实物理世界的理解和重新建构的能力。正如 OpenAI 的技术报告所说的那样，"Sora 能够深刻地理解运动中的物理世界，堪称真正的'世界模型'"——如果说 ChatGPT 这类语言模型是从语言大数据中学习，模拟一个充满人类思维和认知映射的虚拟世界，是虚拟思维世界的"模拟器"，那么 Sora 就是在真实地理解、反映物理世界，是现实物理世界的"模拟器"。

以 Sora 生成的"海盗船在咖啡杯中缠斗"视频为例，为了让生成效果更加逼真，Sora 需要理解和模拟液体动力学效果，包括波浪和船只移动时液体的流动；还需要精确模拟光线，包括咖啡的反光、船只的阴影，以及可能的透光效果。只有精准地理解和模拟现实世界的光影关系、物理遮挡和碰撞关系，生成的画面才能真实、生动。

Sora 所展示的能力远远超越了人们此前对于 AI 生成视频的预想，可以说，虽然 Sora 并非第一轮冲击，但却是影视行业受到 AI 影响最猛烈的一次冲击。

5.1.2　了不起的视频生成工具

今天，我们确实要正视包括 Sora 在内的 AIGC 对影视行业的影响和冲击。Sora 无疑是一个了不起的工具，其有望进一步提升影视制作的效率，尤其是在模型制作、模型渲染和优化等领域可以发挥重要作用，这将极大地缩短视频制作的周期。

Sora 的出现让我们看到，人类需要经过数年专业训练的文本转影视的艺术表现技能，已经被人工智能所掌握。正如 ChatGPT 最大的颠覆是让我们看到了人工智能可以被训练成拥有类人语言逻辑理解与表达能力一样，Sora 的最大颠覆就是让我们看到基于硅基的智能可以被训练成具备人类高阶的文本转视频的能力。

以往，人们要完成一个视频项目，尤其是影视项目，通常需要花费数月甚至数年的时间，涉及拍摄、剪辑、配音、特效等多个环节。而 Sora 只需要输入文本描述，就可以自动生成高清晰度、高逼真度的视频，节省了大量的时间和成本。

好莱坞演员、电影制片人和工作室老板泰勒·佩里，在体验了 Sora 后，决定无限期搁置耗资 8 亿美元的工作室扩建计划——原来打算添加 12 个摄影棚。泰勒·佩里认为，Sora 可以避免多地点拍摄问题，甚至不用再搭建实景，无论是想要科罗拉多州的雪地，还是想要月球上的场景，只要写个文本，人工智能就可以轻松生成它。此前，泰勒·佩里已经在两部电影中使用人工智能，仅在“老化”妆容上就节省了“几个小时”。

事实上，基于目前的技术，人工智能已经可以模拟生成大量不同的角色和场景，帮助提升影视制作的效率。比如，2023 年 8 月，AI 视频博主“数字生命卡兹克”因自制《流浪地球 3》的“预告片”而火爆全网，他用 Midjourney 生成了 693 张图，用 Runway Gen-2 生成了 185 个镜头，最后选出 60 个镜头进行剪辑，只花了 5 个晚上。在后续发布的教程中，他表示，以前自己做视频是用 Blender 建模渲染的，需要花 1 个多月的时间。

在《瞬息全宇宙》视觉特效团队只有 8 个人的情况下，应用 Runway 辅助特效制作，缩短了制作周期。特别是在电影里两块岩石对话的场景中，当沙子和灰尘在镜头周围移动时，Runway 的动态观察工具快速、干净地提取了岩石，将几天的工作时间缩短为几分钟。

同时，以 Sora 为代表的 AIGC 工具进一步降低了影视创作的门槛，让更多的普通用户能够在具有一定审美的基础上创作出质量更高的作品。Sora 的能力不仅仅是技术上的进步，更在于它对真实世界的理解和模拟。传统的文生视频工具往往只是在 2D 平面上操作图形元素，而 Sora 通过大模型对真实世界的理解，成功跳脱了平面的束缚，使得生成的视频更加真实、栩栩如生。

可以预见，未来，借助人工智能的力量，人们能够将自己的想象以更好的可视化的方式呈现出来。AIGC 可以将更多普通人的想象“具象化”，为世界呈现丰富的作品。

5.1.3　唱衰影视行业的声音

每当技术取得重大突破时，市场上就会涌现许多悲观的声音。比如，这次 Sora 的突破，就有很多观点认为：影视行业要“完了”。

不可否认，Sora 的出现，给影视行业带来了前所未有的冲击。它极有可能影响一些从事视频制作相关工作的人员的就业前景——随着人工智能技术的普及和完善，一些传统的视频制作工作将会被取代或贬值。这意味着一些重复性高、标准化程度较高的视频制作任务，如字幕添加、剪辑等，可能会被人工智能完全或部分取代。其实，按照目前人工智能视频生成技术的发展速度，很多简单的镜头、群演、灯光布景等，很快都可以用 AI 来完成。

不过，即使是最先进的 Sora，在技术方面依然具有很大的局限性，如无法准确地模拟很多基本的交互物理特性，在涉及物体状态改变的交互方面表现不足，经常会出现一些不该出现的物体或运动不一致的情况等。

显然，解决这些问题还需要一些时间，其中最关键的是两个方面，一方面是如何让机器智能掌握与理解物理世界诸多的物理规则，以保障在生成内容时不会出现违背物理定律的混乱与出错；另一方面则是算力的突破，如果算力无法有效支撑多模态的复杂模型训练与大规模的公开试用，就很难从根本上完善 Sora 模型本身。

同时，AIGC 依然无法取代影视创作的主体性。一方面，以

ChatGPT、Sora为代表的AIGC模型是人类创造出的作品训练的结果，因为它所生产的内容在本质上仍然基于人类劳动的过程。另一方面，在人工智能技术不断迭代的过程中，其核心依然是对人类及人类所处的真实世界的模仿。如果说今天的电影是一种对人类世界的加工和虚拟，那AIGC技术则是对这种虚拟的进一步虚拟。

因此，就当前来说，Sora的定位仍然是工具——既然是工具，变革的就是创作方式。换言之，在影视行业，人类独特的思维和创意性仍然是不可替代的。当然，这也是人类进入人工智能时代之后，人与机器之间协作的最大价值。

事实上，在艺术创作领域，影视行业与其他行业最大的区别在于作品里有制作者强烈的个人意愿和情感倾向，这恰恰就是个人艺术水平和创意性的体现，也是一个影视作品的核心，而这些都是人工智能无法完全取代的。因此，虽然技术的进步可能会改变影视行业的工作方式和产业结构，但行业的核心仍然是人类的创造力和想象力。

并且，从表演角度来看，合成人物的表演不太可能完全取代电影和电视中真实的人类表演，至少它们无法担任主演——真人表演着重于演员细腻的动作和表情呈现，要人工智能真实地复制人类演员的全部情感和反应能力是极其困难的。人工智能或许可以辅助演员们从烦琐工作中释放更多的时间。

事实上，影视艺术的诞生本就是科技进步的产物。从历史上看，从胶片时代到数码时代，从2D到3D，每一次技术的发展都为影视行业带来了机遇。而Sora就像影视行业历史上任何一次技术革命一样，有望提高制作效率、更新制作，甚至可能创造新的类型、风格、流派。

也许在未来的某一天，更成熟的 Sora 可以为我们构建出难以想象的世界，释放无数不同的声音，讲述人类从未想象过的故事。

当然，这对于科幻电影行业的发展将是前所未有的助推，因为基于 Sora，我们可以在数字世界中以数字的方式展现一些想象，从而突破当前的物理实景搭建或数字建模，最大限度地突破人类理解与表现的限制。

无论如何，Sora 的出现都是 AIGC 里程碑式的进步，也是电影行业加速变革的开端。或许在未来，影视产品的创作会变得和写小说一样简单，这会让影视作品量如井喷一般爆发增长。届时，留下的只会是有创意的创作者，他们利用 Sora 来实现自己的影视梦想。

5.2　Sora 暴击短视频行业

除对传统影视行业造成的冲击外，Sora 的发布还严重影响了短视频行业。

短视频行业一直是当前全球内容消费的“主战场”。从国内的抖音、快手、B 站到国外的 TikTok，用户对短视频的热爱可见一斑。而 Sora 的问世将极大地推动短视频创作的巨变。以前，制作一段令人惊艳的短视频需要团队的密切合作，但 Sora 的出现使这一切都变得轻而易举。只需简单的文本输入，就能轻松生成一分钟的高质量视频。

那么，在 Sora 的浪潮下，短视频行业又将迎来怎样的变化呢？

5.2.1 在 UGC 时代崛起的短视频

今天的时代是一个“内容消费的时代”，文章、音乐、视频及游戏都是内容。既然有消费，自然就有生产，随着技术的不断更迭，内容生产也经历了不同的阶段。

PGC（Professional Generated Content，专业生产内容）是传统媒体时代及互联网时代早期的内容生产方式，特指专业生产内容。一般由专业化团队操刀，制作门槛较高、生产周期较长的内容，最终用于商业变现，如电视、电影和游戏等。PGC 时代也是门户网站的时代，从国内市场看，这个时代的标志就是以资讯类“四大门户网站”为主流。

1998 年，新浪网以四通利方论坛为基础创立。1999 年对突发重大新闻的报道，奠定了新浪门户网站的地位。1998 年 5 月，起初主打搜索和邮箱的网易，开始向门户网站模式转型。1999 年，搜狐推出新闻及内容频道，确定了其综合门户网站的雏形。2003 年 11 月，腾讯公司推出腾讯网，正式向综合门户网站进军。

所有这些网站在发展初期，每天要生成大量的内容，而这些内容并不是由网友提供的，而是来自网站的专职编辑。编辑人员要完成采集、录入、审核、发布等一系列流程，发布的内容在文字、标题、图片、排版等方面，均体现了极高的专业性。随后的一段时间里，各类媒体、企事业单位、社会团体纷纷建立自己的官方网站，内容生产方式都是 PGC 方式。

随着论坛、博客以及互联网的兴起，内容生产进入 UGC 时代，UGC（User Generated Content，用户生成内容）指用户将自己原创的内容通过互联网平台进行展示或提供给其他用户。微博的兴起降低了用户发布信息的门槛；智能手机的普及让更多的人能够创作图片、视频等数字内容，并分享到社交平台上；移动网络的进一步提速，让普通人也能进行实时直播。UGC 不仅数量庞大，而且种类、形式繁多，推荐算法的应用更是让消费者能迅速找到满足自己个性化需求的 UGC。

UGC 时代里，特别值得一提的就是短视频的崛起。不过，在短视频崛起之前，人们还曾经历过一段以长视频为主流的阶段。

2005 年，YouTube 的成立让 UGC 的概念向全球辐射。同年，一部名为《一个馒头引发的血案》的网络短片在中国互联网爆红。此后，随着优酷、土豆、搜狐视频等平台力推，一系列知名导演、演员甚至大量拍客加入微电影大军，无数网友拿起 DV、手机进行拍摄、制作。长视频网站和 UGC 生态开始在互联网上开疆拓土，但在当时，很多人没有想过，随着移动智能终端的革命性进步，以短视频为核心的 UGC 和直播，会变成一个庞大的新兴产业，并延伸出无数链条。

纵观短视频的崛起历程，一方面是因为技术的进步降低了短视频内容生产的门槛，在这样的背景下，消费者的基数远比已有内容生产者的数量庞大，让大量的消费者参与内容生产，毫无疑问能大大释放内容生产力。另一方面，理论上，消费者作为内容的使用对象，最了解自己对内容的需求，将短视频内容生产的环节交给消费者，能最大限度地满足个性化内容的需求。

今天，已经无人能否认，短视频和直播是当下最流行的传播载体，人们已经习惯用短视频来记录自己的生活。不仅如此，在内容社区的基础上，短视频平台还嫁接了产品和服务，介入交易环节，形成商业生态，并且让商业生态反哺内容生态。在短视频产业链中，上游主要包括了 UGC、PGC 在内的大量内容创作者，此部分是整个短视频产业链条的核心，而多频道网络（Multi-Channel Network，MCN）机构作为广告主和内容创作者之间的桥梁，可以大大加强其变现能力；下游则主要为短视频平台和其他分发渠道。

短视频崛起的这几年来，短视频平台也经历了商业模式、产业结构的重构。如今，短视频平台已经成为一种基础设施，把用户带入数字经济时代。

5.2.2 Sora 冲击下的短视频行业

无论短视频如何发展，内容制造都是这个行业中最关键、最重要的环节。而现在，这一环节的生态就快被 Sora 颠覆了。

毕竟，相比于传统影视或者长视频，短视频最大的特点就是“短”，而 Sora 能够生成长达一分钟的视频，是其优势之一，这对于满足短视频平台的内容需求非常有利。要知道，当前大多数的短视频，时长即几十秒或一两分钟。OpenAI 进驻 TikTok 发布 Sora 视频，仅一周时间就获超 14 万名粉丝，获赞近百万次。科技投资公司 A16z 合伙人看了这些由 Sora 生成的视频后称，如果它们出现在信息流中，绝对难辨真假。更重要的是，未来 Sora 生成的视频会更接近真实。

也就是说，只要根据指令，Sora 就能轻松生成一条短视频。无论是一只蚊子从地球飞到火星，还是潜水艇在人类血管里航行，做出这些科幻画面，仅仅需要一句指令而已。并且，Sora 还能够生成具有多个角色、特定类型的运动以及主体和背景的准确细节的复杂场景。因为 Sora 不仅了解用户在提示中提出的要求，还了解其在物理世界中存在的方式。Sora 还可以在单个生成的视频中创建多个镜头，准确地保留角色和视觉的风格。

这也意味着，短视频的创制门槛将会进一步被降低。即使没有短视频内容制作技能，只要有想法、有创意，就能够通过 Sora 轻松创建视听内容，创作者还可以在此基础上进行修改，使之更符合自己的风格。这样一来，短视频行业对摄影师、后期制作岗位的需求也将大量减少。未来，科技类媒体的科普视频、生活类媒体的小贴士视频、商业类媒体的解读类视频等的搬运剪辑、素材整合与资料归纳类视频，基本上都可以由 Sora 来操作完成。

可以说，虽然 Sora 也有潜力应用于长视频制作，但长视频在制作周期、成本和复杂度上都要大大高于短视频，且目前最大的制约与挑战依然来自算力的限制。因此，从技术和市场适应性角度来看，Sora 在短视频领域的应用将更加直接和有效。可以预见，一旦 Sora 像 ChatGPT 一样被放开应用，短视频的产量会迎来一次爆发，如果目前短视频行业的从业者缺少创意或特色，将很难应对这股浪潮。

此外，短视频平台通常具有多样化的商业模式和盈利潜力，如广告植入、直播带货、付费观看等。Sora 如果能够与这些商业模式相结合，将会为短视频平台带来更多的商业机会和盈利空间。比如，Sora 可以帮助平台生产更多吸引人的短视频内容，从而吸引更多的用户和广告主，进而增强平台的盈利能力。Sora 还可以通过提供定制化的视频内容，满足用户的个性化需求，从而提高用户留存度和付费观看的意愿。

可以说，Sora 的诞生，标志着 AIGC 短视频生成时代的正式到来。尽管 Sora 给传统的短视频生产者们带来了挑战，但与此同时，这也是一个激发更多人进行创作的时代。在这个多模态大模型的引领下，我们有望看到短视频行业的深刻变革。

5.3 Sora 如何改变广告营销

Sora 风暴对广告营销领域也产生了巨大的影响。对于品牌来说，尽管 AIGC 在 2023 年的发展已经改变了部分内容创作的工作流程，但对于视频广告创意来说依旧要消耗不少成本。而 Sora 作为一种新的内容生产工具，为广告商和营销人员提供了一种全新的创作方式，有望大幅降低视频广告成本，打破过去从“创意”到“落地”之间的很多固有壁垒。

5.3.1　大幅降低视频广告成本

对于广告营销行业来说，Sora 能够让视频广告制作的门槛大大下降，成本降低，周期加快。

举个例子，大部分的汽车广告的画面，都是一辆车在路上行驶，只不过有些车行驶于崇山峻岭，有些车行驶在沙漠里，有些车在爬坡，有些车在过河。但就是这样的一分钟左右的视频，传统广告公司的制作报价基本都在百万元级别，需要一大批人到特定场地跟车摄像，以及用上无人机进行场景拍摄等。这其中，大部分都是拍摄费用，而不是创意费用。

Sora 却完全可以省下这百万元级别的拍摄费用。在 OpenAI 官方更新的示例中，有一个视频就是一辆老式 SUV 行驶在盘山公路上。

而生成这样一个视频只需要输入相关的指令和提示词："镜头跟随一辆带有黑色车顶行李架的白色老式 SUV，它在一条被松树环绕的陡峭土路上加速行驶，轮胎扬起灰尘，阳光照射在 SUV 上，给整个场景投射出温暖的光芒。土路蜿蜒延伸至远方，看不到其他车辆。道路两旁都是红杉树，零星散落着一片片绿意。从后面看，这辆车轻松地沿着曲线行驶，看起来就像是在崎岖的地形上行驶。土路周围是陡峭的丘陵和山脉，头顶是清澈的蓝天和缕缕云彩。"基于这段提示词，Sora 就能生成一个极其逼近现实的场景，从细节到画面，都非常精致，甚至让人分不出到底是 AI 生成还是实拍的一分钟视频（见图 5-1）。

图 5-1 OpenAI 官方公布的汽车广告视频截图

当然，不仅仅是汽车广告，还有美食广告、酒店广告、旅游景点的推荐视频，这些并不需要复杂情节的广告作品，Sora 都可以直接生成。

可以说，Sora 对广告营销行业的影响不仅仅是降本增效、压缩成本，更意味着传统广告公司从组织模式到商业模式都将重构。组织模式方面，传统的广告制作过程通常涉及广告创意、剧本撰写、拍摄制作、后期编辑等诸多环节，需要大量的人力和时间投入。而有了 Sora 等 AIGC 技术，其中的许多环节都可以被自动化或部分自动化，大大减少了人力资源需求。商业模式方面，随着人工智能技术的普及，广告作品的制作成本将大幅下降，这意味着，广告公司需要重新定价并提供更具竞争力的与人工智能技术相关的增值服务，如数据分析、智能营销策略等，从而进一步提升盈利能力。

Sora 还会促使个性化广告的兴起。在个人层面，Sora 可以快速创建个性化的故事、家庭录像，甚至是基于想象的概念可视化。这意味着，Sora 可以释放不同的创作需求，一旦折射到品牌营销上，就可以帮助品牌做到更精细化的用户营销，从而进一步提高广告的吸引力与投放转化率。

Sora 也让视频广告快速迭代成为可能。营销团队可以在短时间内制作多个版本的广告进行测试，找出更有效的广告元素，如呈现方式、视觉风格或叙事节奏等，从而优化广告效果。

凭借强大的创作能力和广泛的应用范围，Sora 还有望成为电商的运营利器，从广告营销的角度来看，电商的宣传更加标准化。比如，Sora 可以根据产品及场景的简单文字描写生成逼真流畅的视频。这种生动直观的视觉呈现，不仅比文字与图片更能吸引用户的眼球，还能增加产品页面的说服力，同时节省人工成本，缩短制作周期。此外，Sora 可以自动生成步骤分明的产品使用演示视频，还可以根据不同的使用场景生成不同的视频。

2024 年 2 月，亚马逊官方宣布了其平台帖子工具的最新更新，推出了一个短视频功能，允许用户在帖子中发布时长不超过 60 秒、竖版比例为 9 : 16 的短视频，并可附带一个简短标题，视频中展示的商品会持续显示于画面底部。这项功能推出后，亚马逊的卖家们就能通过发布更多的视频帖子向消费者传达更丰富的信息，进而塑造和加强品牌形象。一旦 Sora 开放给用户，大量的亚马逊卖家必定会基于 Sora 生成视频，来抢夺这个新的流量入口。

可以预见，无论是视频类的广告，还是图片类的广告创作，Sora 的出现将会对广告营销行业带来巨大的冲击与挑战。通过 Sora，广告营销将迎来更加高效、个性化的新时代，为传递品牌内容、增强消费黏性开辟新的可能性。

5.3.2 创意是广告业的未来

从 Sora 的技术逻辑来看，许多工作都可以由它完成。尽管 Sora 仍然有明显的缺点，如没有对话，还无法形成文字。但我们需要注意到，Sora 已经展现出了能够改变视频广告生产方式的潜力。

目前，对于品牌而言，电视广告、短视频信息流广告依然是与公众沟通的重要方式，而这一关键工作将被 Sora 改变——过去，品牌生产视频面临周期长、成本高等问题，而现在，品牌能够更轻松地讲故事。在这样的背景下，怎么讲故事，讲什么故事，就成了广告营销的核心。简言之，创意本身的价值仍然不可替代，未来，对于广告营销来说，创意只会越来越重要。

而如何在好创意的基础上，借助人工智能技术实现过去难以实现的想法，或者需要更高代价才能实现的想法，将成为广告营销的重要方向。毕竟，Sora 生成的内容虽然在效率和成本方面有优势，但可能更注重创新和视觉效果，缺少人类独有的创造力和细腻情感，而只有通过情感共鸣和个性化传达品牌形象，才有可能达到理想的营销效果。

此外，广告营销往往涉及用户洞察、传播策略、创意实现、媒介投放、数据与技术等多个方面，需要综合运用内容营销管理、市场分析工具、客户关系管理（Customer Relationship Management，CRM）软件、营销数据管理平台、需求方平台 DSP 等多种工具。如何在运用这些工具的基础上，深入洞察用户、分析企业与品牌方需求，再反复打磨创意并通过 Sora 进行呈现，是广告营销的新变化和新挑战。

可以说，创意依然是广告业的过去、现在和未来，尤其是在 AIGC 的加持之下，只有足够优秀的内容才能够享受时代的红利。

5.4　可视化——Sora 的真正价值

Sora 标志着人工智能技术在内容创造领域的一个重要进步。可以说，Sora 的价值，体现在视频生成上，却又不仅仅停留于视频生成，其内容创作能力将辐射至社会生活和生产的方方面面。

5.4.1　可视化的力量

Sora 非常核心且具有革命性的特点，就是它能够理解用户的需求，并且理解这种需求在物理世界中的存在方式。简单来说，Sora 通过学习视频来理解现实世界的动态变化，并用计算机视觉技术模拟这些变化，从而创造出新的视觉内容。换句话说，Sora 学习的不仅仅是视频，也不仅仅是视频里的画面、像素点，还在学习视频里面这个世界的“物理规律”。

就像 ChatGPT 一样——ChatGPT 不仅仅只是一个聊天机器人，它让人工智能拥有了类人的语言逻辑能力。Sora 最终也不仅仅是一个“文生视频”的工具，而是一个通用的“现实物理世界模拟器”，即为真实世界建模的世界模型。

刘慈欣所写的一篇短篇科幻小说——《镜子》，描绘了一面可以镜像现实世界的“镜子”。Sora 就像是这面构建世界模型的“镜子”。

Sora 的视频生成能力加上为真实世界建模的能力，核心其实很简单，即基于真实世界物理规律的视频可视化。可视化，就是将复杂的文字或数据通过图形化的方式，转变为人们易于感知的图形、符号、颜色、纹理等，以增强文字或数据的识别效率，清晰、明确地向人们传递有效信息。

要知道，在人类的进化过程中，人脑感知能力的发展经历了数百万年，而语言系统的发展未超过 15 万年。可以说，人脑处理图形的能力要远远高于处理文字语言的能力，也就是说，面对图像，人脑能够比面对文字更快地进行处理和加工。这一点，不仅在早期的象形文字上就有非常好的印证，当前短视频成为资讯的主流方式也说明了人类对于图像有本能的偏好。

究其原因，人类对语言的理解离不开自己的经验。而视觉则是一种人类感知世界、建立经验的“直接机制”。人类通过视觉看到东西，就能够迅速进行解析、判断，并留下深刻的印象。也就是说，通过视觉，人类可以直接建立“经验”。

研究表明，人体五感获取信息量的比例是：视觉占 87%，听觉占 7%，触觉占 3%，嗅觉占 2%，味觉占 1%。也就是说，人类的主要信息获取方式是视觉，我们的大脑更擅长处理视觉信息。举个例子，给我们一篇由文字与字符所构成的数据分析文章，而另外一篇则是把这些数据分析用二维或者更高阶的三维可视化呈现，我们会更偏向于哪一种表达与阅读方式呢？答案显而易见。大部分的人会偏向于选择更直观的三维表现方式，或者是二维的图像表现方式，最可能不被选择的则是基于文字与字符表现的文章方式。

从信息加工的角度来看，大量的信息必将消耗我们的注意力。而可视化能辅助我们处理信息，不仅更加直观，并且可以将数据背后的变化以图像的形式直观地表现出来，让我们透过图像就能一目了然地了解数据背后的关联及趋势，从而在有限的记忆空间中尽量多地存储信息，提升认知信息的效率。

基于此，特别是在信息大爆炸的今天，可视化的表达显得极为重要。可视化利用图像进行沟通，可以将人脑快速处理图形的特点最大化地发挥出来。这也是 Sora 的价值所在：我们只要给 Sora 一个指令，它就能够基于现实世界的物理规律将我们想要表达的文本以视频的方式可视化。因此，可以说，哪里需要视频可视化，哪里就需要 Sora。

5.4.2　哪些行业需要 Sora

Sora 的可视化，在许多行业都能得到直接且关键的应用。

在设计行业，对于设计师来说，将想法转化为可视化的图像或模型往往是最耗费时间的一环。在传统设计中，设计师们需要用 3D 建模软件如 3ds Max 或 SketchUp 来表达自己的想法，Sora 的使用可以大幅度提高这一过程的效率。设计师无须花费大量时间在软件操作和渲染上，而是可以将更多的精力投入设计本身。这种效率的提升不仅能够加快项目的推进速度，也为设计师提供了更多的时间来提升设计的质量和创新性。

比如，一位室内设计师只需要通过简单的文本描述，就能让 Sora 生成具体的室内空间视频，这不仅加速了从概念到可视化的过程，也为设计师提供了一个探索和实验不同设计方案的平台。Sora 技术可以生成各种不同风格、不同主题的视频，为设计师们提供更多的创作灵感和参考。设计师们可以通过 Sora 技术生成的视频，了解不同的设计风格和表现手法，从而拓展自己的创作思路。这种创新的表达方式能够激发设计师的创造力，帮助他们超越传统的设计边界。

从客户的角度来看，Sora 提供了一种更加直观和生动的体验方式，根据设计师的指令快速生成室内设计的视频展示。相比于静态的图像或平面图，视频能够更好地展示空间的流动性、功能性以及设计的细节，帮助客户更加准确地理解和感受设计师的想法。经改善的客户体验不仅有助于增强客户的信任和满意度，也能够促进设计师与客户之间的沟通和理解。

在教育领域，利用 Sora 模型，教师可以将文字教材转化为生动的视频教程，提高学生的学习兴趣和效果，甚至可为特殊教育群体提供个性化的学习材料，帮助他们更好地融入社会，加速教育普适性和均衡性。举个例子，李白著有一首名诗《蜀道难》，此诗冠绝群雄，水平达到了人类的语言巅峰，可是如果我们连山都没见过，对于“难于上青天”“连峰去天不盈尺，枯松倒挂倚绝壁”这些诗句，又怎么能理解呢？这个时候，如果 Sora 能根据诗文直接生成视频，对于这首诗，我们就可能有完全不一样的理解。此外，对于一些核心概念，通过可视化的学习体验，学生可以将抽象的概念转化为具体的图像和经验，从而更容易理解和记忆。教师可以利用 Sora 创建相关的地理环境视频，加深学生对地理知识的理解和记忆。

在科学研究领域，Sora 将为科研人员提供强大的工具和平台，用于模拟和研究复杂的物理、化学、生物等现象。比如，在物理学领域，科研人员可以利用 Sora 生成复杂的物理现象的相关视频，如流体运动、电磁场分布等，帮助他们理解和探索物理规律。在化学和生物学领域，科研人员可以利用 Sora 生成化学反应、生物过程等视频，研究其动态特性和相互作用。此外，有些科学现象由于条件的限制或实验的困难，很难在实验室中进行观察和研究，通过 Sora 的视频生成，科研人员就可以在计算机上看到这些过程，并进行深入研究。比如，在天文学领域，科研人员可以通过 Sora 生成星系的形成和演化过程，研究宇宙的起源和发展。在地球科学领域，科研人员可以利用 Sora 生成地球内部的地质过程，探索地球的构造和演变。

在医疗领域，用 Sora 智能生成的视频内容将更好地实现医患之间的充分沟通，如向医美患者预演术后效果。在今天，医美医生往往是通过口头描述或静态图片向患者展示术后效果的，但这种方式不够直观和生动，容易造成误解或不透彻的理解。而利用 Sora 生成的视频内容，可以提供更加直观、生动和真实的术后效果展示，通过视频，寻求医美的患者就可以清楚地看到自己术后的状态，包括面部轮廓的变化、皮肤质地的改善等。与传统的静态图片相比，视频更能够展现出术后效果的立体感和真实感。并且，利用 Sora 生成的视频内容还能够提供更个性化的术后效果展示，视频可以根据患者的实际情况和需求进行定制，包括面部特征、皮肤类型等因素，从而更贴近患者的实际情况，增强患者的参与感和满意度。

在新闻传媒领域，作为通过视频、图片等多种数据形式来全面理解世界的工具，Sora 将在拓展传媒业生产内容的广度、深度的基础上，赋予其快速反应且生动细腻的能力。尤其是在突发事件的新闻报道中，借助 Sora 模型，新闻机构可以在几分钟内生成一段生动的现场视频，让观众即刻了解事件全貌。这种快速、准确的报道方式，将大大提高新闻报道的时效性。如对体育赛事运营、节目制作甚至是纪录片的制作而言，Sora 都可以在视觉内容的呈现上给出全新的解决方案，尤其是体育赛事的沉浸感打造、文化节目的时代想象、历史纪录片的场景再现，都将借助这一技术释放出新的生命力，为观众带来更真实的体验。

对游戏产业而言，Sora 可以在与游戏场景高度适配后生成更为个性化的地图、画面甚至角色。传统的游戏开发者需要耗费大量的时间和人力来设计和构建游戏地图，而且往往缺乏多样性和个性化。利用 Sora，游戏开发者可以通过简单的设置和调整，快速生成多样性和个性化的游戏地图，包括不同的地形、气候、生物群落等，从而为玩家提供更加丰富和多样的游戏体验。特别是 Sora 作为世界模型，将能够在开放的游戏中生成逼真的天气变化、光照效果和自然景观，为玩家营造出身临其境的游戏体验。

或许，视频产业只是 Sora 带来的这场巨变的冰山一角。结合当下 AI 技术以日为时间单位的升级速度来看，Sora 商用注定不会遥远。它在重构视听产业的具体进程中，还将引发怎样的变化，目前尚未可知。

但可以肯定的是，它注定会改变我们的工作乃至生活，不仅全面，而且彻底。

如果说，2023 年是全球 AI 大模型爆发的图文生成元年，那么，2024 年就是人类进入 AI 视频生成和多模态大模型的元年。从 ChatGPT 到 Sora，AI 对每个人、每个行业的现实影响与改变正在发生。

5.5　未来属于拥抱技术的人

从人工智能诞生至今，人工智能取代人类的可能性就被反复讨论。人工智能将深刻改变人类的生产和生活方式，推动社会生产力的整体跃升，同时，人工智能的广泛应用对就业市场带来的影响引发了社会高度关注。

2023 年初，ChatGPT 横空出世两个多月后，这种担忧被进一步放大。这种担忧不无道理——人工智能的突破意味着各种工作岗位岌岌可危，技术性失业的威胁迫在眉睫。联合国贸易和发展会议（UNCTAD）官网曾刊登的文章《人工智能聊天机器人 GPT 如何影响工作就业》称："与大多数影响工作场所的技术革命一样，聊天机器人有可能带来赢家和输家，并将影响蓝领和白领工人。"

一年后，2024 年初，Sora 的问世再次引发了广泛讨论。不可否认的是，人工智能的进化速度越来越快，与此同时，人工智能替换人工的速度似乎也越来越快了。

5.5.1 人工智能加速换人

自第一次工业革命以来，从机械织布机到内燃机，再到第一台计算机，新技术的出现总是引起人们对于被机器取代的恐慌。1820 年至 1913 年发生的两次工业革命期间，雇用于农业部门的美国劳动力份额从 70%下降到 27.5%，目前不到 2%。

许多发展中国家也经历着类似的变化，甚至更快的结构转型。根据国际劳工组织的数据，中国的农业就业比例从 1970 年的 80.8%下降到 2015 年的 28.3%。

面对第四次工业革命中人工智能技术的兴起，美国研究机构 2016 年 12 月发布的报告称，未来 10 到 20 年内，因人工智能技术而被替代的就业岗位数量将由 9%上升到 47%。麦肯锡全球研究院的报告则显示，预计到 2055 年，自动化和人工智能将取代全球 49%的有薪工作，印度和中国受影响可能会最大。麦肯锡全球研究院预测，中国具备自动化潜力的工作内容达 51%，这将对相当于 3.94 亿全职人力工时产生冲击。

从人工智能代替就业的具体内容来看，不仅绝大部分的标准化、程序化劳动可以通过机器人完成，在人工智能技术领域甚至连非标准化劳动都将受到冲击。正如马克思所言："劳动资料一作为机器出现，就立刻成了工人本身的竞争者。"牛津大学教授 Carl Benedikt Frey 和 Michael A.Osborne 在两人合写的文章中预测，未来二十年，约 47%的美国就业人员对自动化技术的“抵抗力”偏弱。也就是说，白领阶层同样会受到与蓝领阶层相似的冲击。

事实的确如此——GPT 就证明了这一点。当然，这也是因为 GPT 能做很多事情，比如，通过理解和学习人类语言与人类进行对话，根据文本输入和上下文内容产生相应的智能回答，就像人类之间的聊天一样；还可以编写代码、设计文案、撰写论文、回复邮件……

GPT 的出现和应用，让我们明确地看到——人工智能将取代人类社会一切有规律与有规则的工作。过去，在我们大多数人的预期里，人工智能会取代一些体力劳动或简单重复的脑力劳动，但是 GPT 的快速发展让我们发现，就连程序员、编剧、教师、作家的工作都可以被人工智能取代了。

技术工作：GPT 等先进技术可以比人类更快地生成代码，这意味着未来可以用更少的员工完成一项工作。要知道，许多代码具备复制性和通用性，这些可复制、可通用的代码都能由 GPT 生成。OpenAI 等科技公司已经考虑用人工智能取代软件工程师的工作。

客户服务：几乎每个人都有过给公司客服打电话或聊天，然后被机器人接听的经历。而未来，GPT 或许会大规模取代人工在线客服。如果一家公司，原来需要 100 个在线客服，以后可能就只需要 2～3 个在线客服。90%以上的问题都可以交给 GPT 去回答。因为后台可以给 GPT 投喂行业内所有的客服数据，包括售后服务与客户投诉的处理，根据企业过往所处理的经验，它会回答它所知道的一切。科技研究公司 Gartner 的一项研究预测，到 2027 年，聊天机器人将成为约 25%的公司的主要客户服务渠道。

法律工作：与新闻行业从业者一样，法律行业工作者需要综合所学内容，消化大量信息，然后通过撰写法律摘要或意见使内容易于理解。这些数据本质上是非常结构化的，这也正是 GPT 所擅长的。从技术层面来看，只要我们给 GPT 开发足够的法律资料库，以及过往的诉讼案例，GPT 就能在非常短的时间内掌握这些知识，并且其专业度可以超越法律领域的专业人士。

目前，人类社会重复性的、事务性的工作已经在被人工智能取代的途中。而 Sora 的出现还将进一步扩大被取代的工作范围。

比如，对于一些简单的视频编辑工作，包括剪辑、添加字幕、转场等，Sora 都可以自动完成。对于产品的演示和说明视频，特别是产品特点和功能较为固定的情况下，Sora 可以帮助企业快速生成相应的视频内容，降低对专业视频制作人员的依赖。对于一些社交媒体平台的内容创作，如短视频、动态海报等，Sora 可以帮助用户快速生成内容。

5.5.2 坚持开放，拥抱变化

变化是人生的常态，个人的意愿无法阻止变化来临。时代趋势为个人带来了危机，同时也带来了机遇。

2023 年 3 月 20 日，OpenAI 研究人员提交了一篇报告，内容是根据人员职业与 ChatGPT 能力的对应程度进行评估。研究结果表明，在 80%的工作中，至少有 10%的工作任务将在某种程度上受到 ChatGPT

的影响。

值得一提的是，这篇报告里提到了一个概念——暴露，也就是使用 ChatGPT 或相关工具，在保证质量的情况下能否缩短完成工作的时间。“暴露”不等于“被取代”，它就像“影响”一样，是个中性词。

ChatGPT 或许能为某些环节节省时间，但不会让全流程自动化。这带给我们一个重要启示，即我们需要改变工作模式，去适应人工智能时代。就目前而言，人工智能依然是人类的效率和生产力工具，人工智能可以利用其在速度、准确性、持续性等方面的优势来负责重复性的工作，而人类依然需要负责技能性、创造性、灵活性这些要求比较高的部分。

因此，如何利用 AI 为我们的生活和工作赋能，就成了一个重要的问题。也就是说，即便是 GPT 和 Sora，本质上都仍然只是技术的延伸，就像为人类安装上一对机械臂。当我们面对技术的发展时，需要做的是去接触它、了解它。当我们对新技术背后的生成逻辑有足够的认识的时候，恐惧感自然会消失。

再进一步，我们可以学习如何利用人工智能给自己的生活和工作带来积极的作用，提升效率。我们甚至可以从自己的角度去训练它、改进它，让人工智能成为生活或工作的助手。

事实上，对于自动化的恐慌在人类历史上并非第一次。自从现代经济增长开始，人们就周期性地遭受被机器取代的强烈恐慌。几百年来，这种担忧最后总被证明是虚惊一场——尽管多年来技术进步源源不断，但总会产生新的人类工作需求，足以避免出现大量永久失业的人群。比如，过去会有专门的法律工作者从事法律文件的检索工作，但自从引进能够分析检索海量法律文件的软件之后，时间成本大幅下降而需求量大增，因此法律工作者的就业情况不降反升。因为法律工作者可以从事更为高级的法律分析工作，而不再是简单的检索工作。

再如，ATM 机的出现曾造成银行职员的大量下岗：1988—2004 年，美国每家银行的分支机构的职员数量平均从 20 人降至 13 人，但运营每家分支机构的成本降低，这反而让银行有足够的资金去开设更多的分支机构以满足顾客需求。因此，美国城市里的银行分支机构数量在 1988—2004 年上升了 43%，银行职员的总体数量也随之增加。

又如，微信公众号的出现造成了传统杂志社从业者的失业，但也养活了一批公众号写手。简单来说，工作岗位的消失和新建，本来就是科技发展的一体两面，两者是同步的。

过去的历史表明，技术创新提高了工人的生产力，创造了新的产品和市场，进一步在新经济中创造了新的就业机会。对于人工智能而言，历史的规律可能还会重演。从长远发展来看，人工智能正通过降低成本、带动产业规模扩张和结构升级来创造更多的就业机会，并且可以让人类从简单的重复性劳动中释放出来，从而让人类有更多的时间体验生活，有更多的时间从事思考性、创意性的工作。

德勤公司曾通过分析英国 1871 年以来技术进步与就业的关系，发现技术进步是“创造就业的机器”。因为技术进步通过降低生产成本和价格增加了消费者对商品的需求，从而扩大了社会总需求，带动产业规模扩张和结构升级，创造更多的就业岗位。

从人工智能开辟的新就业空间来看，人工智能改变经济的第一个模式就是通过新的技术创造新的产品，实现新的功能，带动市场新的消费需求，从而直接创造一批新兴产业，并带动智能产业的线性增长。中国电子学会研究认为，每生产一台机器人，至少可以带动 4 类劳动岗位，如机器人的研发、生产、配套服务以及品质管理、销售等岗位。

当前，人工智能发展以大数据驱动为主流模式，在传统行业智能化升级过程中，伴随着大量智能化项目的落地应用，不仅需要大量的数据科学家、算法工程师等岗位，而且由于数据处理环节仍需要大量的人工操作，因此对数据清洗、数据标定、数据整合等普通数据处理人员的需求也将大幅度增加。并且，人工智能还将带动智能化产业链就业岗位的线性增长。人工智能所引领的智能化大发展，必将带动各相关产业链发展，打开上下游就业市场。

此外，随着物质产品的丰富和人民生活质量的提升，人们对高质量服务和精神消费产品的需求将不断扩大，对高端个性化服务的需求逐渐上升，将会创造大量新的服务业就业岗位。麦肯锡认为，到 2030 年，高水平教育和医疗的发展会在全球创造 5000 万～8000 万个工作岗位。

从岗位技能看，简单的重复性劳动将更多地被替代，高质量技能型、创意型岗位被大量创造。这也是社会在发展和进步的体现。今天，以人工智能为代表的科技创新，使社会步入新一轮的加速发展。

5.5.3　亟待转向的教育

无论是 GPT 还是 Sora，都给今天的教育带来了巨大挑战，特别是高等教育领域。

长期以来，高等教育与就业之间的关系备受关注，就业的潜在假设是，高校培养的学生与工作岗位存在对应关系，只要毕业生能胜任岗位，就可以实现“人职”匹配。可以说，高等教育的目标之一就是为学生提供良好的职业发展机会，使他们能够在毕业后顺利就业并适应工作环境。

然而，以就业为抓手反映了高等教育作为供给侧的立场，但却容易忽视工作作为需求侧的变化。从技术的角度来看，一方面，GPT 和 Sora 等人工智能技术的出现已经在很大程度上改变了职业需求，特别是一些有规律与有规则的岗位需求正在减少，而另一些新兴领域的需求正在增加。另一方面，随着人工智能技术在各行业的应用，工作的自动化和智能化程度不断提高，传统的就业模式和职业结构发生了深刻的变化，这使得毕业生面临着更大的就业压力和挑战，需要不断提升自己的专业能力和适应能力以适应快速变化的就业市场。

工作需求侧的变化也提示着高等教育作为供给侧必须要尽快转向。比如，很多大学开设了影视制作、动画设计、多媒体设计、数字媒体艺术等专业。Sora 的到来，可能会使学了四年专业技艺的学生们的水平比不上一个懂得如何指挥人工智能的门外汉。因此，高等教育需要做更多的事来帮助人们了解他们的世界正在发生何种根本性变化，并且要最大限度地教授这个时代的学生掌握这些技术的应用，通过对这些先进技术工具的使用来提升工作效能，或是从中挖掘出新的商业机会。

当然，不仅仅是高等教育，在人工智能时代，我们的教育至少要往三个方面转向。

第一，教育的内容应包括如何熟练使用人工智能这一强大的工具。正如汽车出现一样，人类应做的事情并不是担心汽车的速度是不是太快，或者汽车是不是会为人类社会带来危害，而是应尽快学习使用与驾驶汽车。

而当我们进入通用人工智能时代，就意味着人类社会的一切都将被人工智能改造一遍，无论是医生、会计师、律师、审计师、设计师、建筑师、心理咨询师、保姆，还是厨师等，人工智能都能以比人类更优秀的能力胜任。这就意味着，人类只要熟练地掌握与使用人工智能，就可以借助人工智能帮助我们成为多领域的专家。因此，在人工智能时代，掌握如何使用人工智能远比掌握专业领域的知识与技能本身更重要。

第二，人工智能时代的教育需要不断挖掘人类独有的特性，正如工业革命所引发的产业变革一样，将人类从农耕时代带入到依靠工业技术实现批量化复制生产，并且 24 小时全年无休的生产时代。我们与机器比拼的一定不是产品的组装速度与效率，而是人类熟练管理与使用机器的能力。同样，在人工智能时代，我们与人工智能比拼的一定不是人类社会已有的知识、记忆与技能，而是人类的创造力与创新能力。

第三，在人工智能时代，教育的核心在于启发，即如何借助各种技术、自然知识，通过一些可触摸的方式来启发我们对于知识的探索精神与好奇心，包括结合虚拟现实技术，虚拟成像技术以及 3D 打印技术等知识助手，将理论的知识学习以及我们基于知识的一些设想具象化，从而进一步启发我们的探索精神，不断激发我们的想象力。

走向未来，技术的变革只会越来越快，没有历史可以参照。因此，改变我们的教育方式已经成了一项必选项，而不是可选项。幸运的是，人工智能时代，我们与机器竞争的并不是知识与考试能力，也不是制造与组装产品的能力，而是人类独有的特性——如何通过教育来发挥我们独有的创新力、想象力、创造力、同理心与学习力，这将成为未来教育的核心。

百模大战，谁会胜出

6.1 OpenAI，胜者为王

全球人工智能科技或大模型的赛道已经吸引了谷歌、Meta、特斯拉，甚至苹果等公司做战略性布局，而手握GPT系列和Sora的OpenAI无疑是最受关注的，目前来看也是实力最强的。

6.1.1 GPT系列：大模型的标杆

OpenAI的确引领了大模型行业的发展，几乎每一次GPT的迭代，都会在行业内掀起不小的震动。

GPT-2是OpenAI早期的语言模型，它的能力已经很强，生成的语句文字非常流畅。GPT-3则是一个参数规模更大的模型，拥有1750亿个参数。GPT-3的能力之强，使得评估人员难以将其生成的文本与人类撰写的文本进行区分。

在GPT-3之后，OpenAI陆续推出了ChatGPT和GPT-4，由此掀起了轰轰烈烈的大模型革命。相较于前几代的GPT，这两个版本更加突出，不仅提升了模型的能力，还扩展了应用范围。特别是于2023年推出的GPT-4 Turbo，增加了图文识别和生成的功能，进一步拓宽了大模型的应用场景。OpenAI还开放了ChatGPT和GPT-4的API和微调功能，使企业和开发人员得以构建专属应用，大幅提升了大模型的商业和应用价值。

OpenAI 没有止步于此。2024 年 5 月 14 日，OpenAI 召开了一个简短的发布会，没有豪华的剧场，没有提前制作展示视频和动画，却再次震惊四座。这一次，OpenAI 发布的是首款端到端的多模态大模型——GPT-4o。

虽然 GPT-4o 从命名上看起来还属于 GPT-4 系列，但其与 GPT-4 的差别不是一星半点。GPT-4o 名称中的“o”，代表拉丁文的“omni”，是“全能”的意思。简单来说，GPT-4o 是一个同时具备文本、图片、视频和语音能力的大模型。换言之，GPT-4o 是一个真正的多模态大模型，可以“实时对音频、视频和文本进行推理”。

当然，在 GPT-4o 之前发布的 GPT-4 也具有一定的多模态能力，如允许输入图片、上传文件等，包括 ChatGPT 的 App 版本也允许输入语音。但不同的是，GPT-4o 的多模态技术，不仅反应迅速，能够做到实时回应，而且使交互更加自然、更加真实，也更加“像人”。

就拿语音交互来说，在 GPT-4o 发布之前，我们虽然可以使用语音模式与 GPT 对话，但是，GPT 的平均延迟为 2.8 秒（GPT-3.5）和 5.4 秒（GPT-4）。究其原因，GPT 采用的语音模式，需要经过三个处理步骤：第一步是把人类的语音，通过 Whisper 模型识别并转成文字；第二步是转好的文字传给 GPT 模型；第三步是将得到的文字回答再通过一个简单的模型转成语音。这意味着 GPT 丢失了大量信息，因为它无法直接观察用户的音调及背景噪声，也无法输出笑声、歌声或表达情感。

但此次的 GPT-4o，通过跨文本、视觉和音频，端到端地训练了一个新模型，这意味着所有输入和输出都由同一神经网络处理。也就是说，GPT-4o 完全可以根据你的语气，甚至聆听你的惊叫，来理解你当下的心情，从而给予人性化的回应。

不仅如此，在摒弃了在不同模型中传递信息的步骤之后，GPT-4o 的反应变得非常快，语音交互的响应时间从之前的 2～3 秒提升为 0.2～0.3 秒。在发布会的演示中，当演示者结束提问后，GPT-4o 几乎可以做到即时回应，没有停顿。答案生成后，GPT-4o 能够立即将文本转语音，进行朗读。

GPT-4o 的诞生标志着大模型在类人化道路上又迈出了重要一步。作为 GPT-5 的未完成版，GPT-4o 的出现，标志着能够使用文本、语音和视频交互的数字助手，能够查看用户上传的屏幕截图、文档或图表并进行对话的贴心管家，正在加速而来。

6.1.2 从 DALL-E 到 Sora

除 GPT 系列外，OpenAI 还开发了语音模型 Whisper 和文生图模型 DALL-E 系列。

Whisper 是 OpenAI 研发并开源的一系列自动语音识别模型，他们通过网络收集了 68 万小时的多语言（98 种语言）和多任务（multitask）监督数据，对 Whisper 进行了训练。OpenAI 认为使用这样一个庞大而多样的数据集，可以提高模型对口音、背景噪声和技术术语的识别能力。除可以用于语音识别外，Whisper 还能实现多种语言的转录，以及将这些语言翻译成英语。目前，Whisper 已经有了很多变体，也成为很多 AI 应用构建时的必要组件。

DALL-E 则是一系列文生图模型。2021 年 1 月，OpenAI 发布了 DALL-E。DALL-E 可以创造动物和物体的拟人化版本，以合理的方式组合不相关的概念，渲染文本，以及对现有图像进行转换。

2022 年 4 月，DALL-E 2 发布，其效果比第一个版本更加逼真，细节更加丰富且分辨率更高。在 DALL-E 2 正式开放注册后，用户数高达 150 多万，这一数字在一个月后翻了一倍。

2023 年 9 月，DALL-E 迎来了第三个版本 DALL-E 3。DALL-E 3 与 ChatGPT 集成，不仅可以用提示词设计出 AI 图，还能通过对话来修改生成的图像。不仅加强了提示词的生成图像体验，而且增强了模型理解用户指令的能力，图像效果也有巨大提升。简单来说，DALL-E 3 使用户更易将想法转化为准确的图像，让 AI 图像生成方式更接近 ChatGPT。就算是不知道如何使用提示词，也可以直接输入你的想法，ChatGPT 会自动为 DALL-E 3 生成详细的提示词。

2024 年初，OpenAI 发布了 Sora。Sora 被认为是当前最好的文本到视频生成模型。虽然 Runway、Pika 也能生成不错的视频，但是根据许多公开的测试，Sora 在生成视频的时长、连贯性和视觉细节方面表现出明显的优势，几乎达到“吊打”其他模型的程度。可以说，在视频生成领域，不论是清晰度，还是时长，Sora 都是公认的第一名。而 Sora 的多模态应用有望塑造数字内容生产与交互新范式，赋能视觉行业，从文字、3D 生成、动画、电影、图片、视频、剧集等方面，带来内容消费市场的繁荣发展。

Sora 视频的逼真和连贯程度令人惊叹，更重要的是，基于 Sora 的技术模型——“扩散模型+Transformer 模型”显示出了模拟世界的潜力，即 Sora 并非实现简单的视频生成，而是能根据真实世界的物理规律对世界进行建模。就像 ChatGPT 开启了大模型竞赛一样，Sora 的这一技术路径或许也会成为接下来的文生视频模型的新范式，并在全球范围内掀起一场新的技术竞赛。

对于 OpenAI 来说，从文本生成模型 GPT、语音模型 Whisper、文生图模型 DALL-E，到文生视频模型 Sora，OpenAI 已经成为人工智能领域当之无愧的引领者。当然，这离不开资本的支持，要知道，就在 2022 年，OpenAI 公司净亏损还高达 5.4 亿美元。并且随着用户增多，算力成本增加，损失还在扩大。但 ChatGPT 的爆红却一下子打破了 OpenAI 亏损的僵局，OpenAI 的估值也随之暴涨至 290 亿美元，比 2021 年估值为 140 亿美元翻了一番，比七年前的估值则高了近 300 倍。截至 2024 年初，OpenAI 的估值已飙升至 800 亿美元以上。

除各种 AI 大模型产品外，OpenAI 的 CEO 山姆·阿尔特曼还瞄准了半导体领域。他已与潜在投资者、半导体制造商和能源供应商等各种利益相关者接触。比如，他曾为一家名为 Helion Energy 的核聚变研究公司投资了 3.75 亿美元。Helion Energy 由大卫·科特利等人于 2013 年创立，总部设在美国华盛顿州的埃弗雷特，其发展方向是建造世界上第一个商用核聚变发电装置，在未来可以产生源源不断的清洁电力。

很显然，山姆·阿尔特曼清楚地知道，随着 OpenAI 朝着通用人工智能方向推进，无论是基于文本的 ChatGPT 还是用于文生视频的 Sora，这些都只是通用人工智能的一些应用，都需要巨大的能源来维持。而当真正实现通用人工智能的那一天，我们将对能源提出几何级的增长需求。面对碳中和的全球趋势，人工智能必然需要考虑清洁能源的使用。

同时，山姆·阿尔特曼计划进入芯片领域，提出了一个融资 7 万亿美元打造芯片帝国的设想，核心也是为了更好地实现通用人工智能的愿景。如果没有庞大的算力，就无法实现通用人工智能。

在技术和资金的加持以及创始人的前瞻性布局之下，可以预见，OpenAI 还将在人工智能领域遥遥领先。由 OpenAI 打造的人工智能堡垒已经呼之欲出。

6.2　失守大模型，谷歌的追赶

在 OpenAI 凭借 ChatGPT“出圈”并引发世界轰动的同时，全世界的目光转向了“硅谷一哥”——谷歌。在人工智能领域，谷歌不仅积累深厚，而且布局也同样完善。很多公司曾经多次与谷歌正面竞争，但它们都失败了。

然而，ChatGPT 的横空出世，让谷歌直接拉响了“红色代码”警报。随后，谷歌一方面加大投资，另一方面紧急推出对标 ChatGPT 的产品。在 ChatGPT 冲击下暂时落于下风的谷歌，如何应对这场猝不及防的对战？失守大模型的谷歌，还能重新回到顶峰吗？

6.2.1 Bard 迎战 ChatGPT

爆火的 ChatGPT 吸引了全世界的目光，也让谷歌感受到了危机，谷歌第一次拉响了“红色代码”警报——当谷歌核心业务受到严重威胁的时候才会发出的警报。

一直以来，谷歌搜索被认为是一个无懈可击且无法被替代的产品——它的营收状况非常耀眼，占据了市场领先地位，并且得到了用户的认可。2022 年，市值为 1.4 万亿美元的谷歌公司，从搜索业务方面获得了 1630 亿美元的收入，运营了 20 多年的谷歌，在搜索领域保持了高达 91%的市场份额。这当然离不开谷歌搜索背后的技术，谷歌搜索技术的工作原理就是结合使用算法和系统对互联网上数十亿个网页和其他信息进行索引和排名，并为用户提供相关结果以响应他们的搜索查询。

直到 ChatGPT 出现——ChatGPT 让搜索引擎成为一种更具智慧且个性化的产品。使用 ChatGPT 的感觉像是，向一个智慧盒子输入需求，然后收到了一个成熟的书面答复，这个答复不仅不会受图像、广告和其他链接的影响，还会“思考”并生成它认为能回答你的问题的内容，这显然比原来的搜索引擎更具吸引力。

2023 年 2 月 7 日，谷歌首席执行官桑达尔·皮查伊宣布，谷歌将推出一款由 LaMDA 模型支持的对话式人工智能服务，名为 Bard。

皮查伊称，这是“谷歌人工智能旅途上的重要一步”。他在博客文章中介绍：Bard 寻求将世界知识的广度与大语言模型的力量、智慧和创造力相结合。它将利用来自网络的信息来提供新鲜的、高质量的回复。皮查伊还表示，Bard 的使用资格将“先发放给受信任的测试人员，然后在后续几周内开放给更广泛的公众”。

虽然没有指名道姓，但根据对话式 AI 服务的定位，Bard 明显是谷歌为了应对 OpenAI 的 ChatGPT 而推出的竞争产品，同时也是为了对抗在 ChatGPT 加持下的微软 Bing 搜索引擎。几乎在同一时间，微软正式推出由 ChatGPT 支持的新版 Bing 搜索引擎和 Edge 浏览器，新版 Bing 以类似于 ChatGPT 的方式，回答具有大量上下文的问题。

然而，谷歌在发布 Bard 时，却在首个在线演示视频中犯了一个事实性错误：Bard 回答了一个关于詹姆斯·韦伯太空望远镜新发现的问题，称它“拍摄了太阳系外行星的第一张照片”。这是不正确的。有史以来第一张关于太阳系以外的行星也就是系外行星的照片，是在 2004 年由智利的甚大射电望远镜拍摄的。

一位天文学家指出，这一问题可能是因为人工智能误解了“美国国家航空航天局（NASA）低估了历史的含糊不清的新闻稿”。这一错误导致谷歌当日开盘即暴跌约 8%，市值蒸发 1020 亿美元，折合人民币约 7 千亿元。

对于 Bard 的失误，网络上也有很多声音，其中一种认为，Bard 匆忙、信息含糊不清的公告，很可能是谷歌“红色代码”的产物。从结果来看，对上 ChatGPT 的 Bard，毫无疑问地落入下风。当然，作为实力雄厚的科技巨头，谷歌没有泄气，而是开始了新一轮的蓄力。

6.2.2 PaLM 2 是谷歌的回击

如果谷歌不想失去其在蓬勃发展的人工智能行业中的地位，就必须开发出能够说服人们的 AI 产品，而 PaLM 系列，就是谷歌给出的答案。

第一代 PaLM 早在 2022 年 4 月就已经推出，旨在提高使用多种语言、推理和编码的能力。2023 年 5 月，在谷歌开发者大会（Google I/O 2023）上，谷歌正式发布新的通用大语言模型 PaLM 2。PaLM 2 是一个在大量文本和代码数据集上训练的神经网络模型，该模型能够学习单词和短语之间的关系，并可以利用这些知识执行各种任务。

PaLM 2 包含 4 个不同参数的模型——壁虎（gecko）、水獭（otter）、野牛（bison）和独角兽（unicorn），并在特定领域的数据上进行了微调，为企业客户执行某些任务。其中，PaLM 2 最轻量版本“壁虎”，小到可以在手机上运行，每秒可以处理 16 或 17 个英文单词。

谷歌旗下公司 DeepMind 的副总裁 Zoubin Ghahramani 称“PaLM 2 比我们以前最先进的语言模型还要好”，PaLM 2 使用谷歌定制的 AI 芯片，比初版 PaLM 的运行效率更高。PaLM 2 能使用 Fortran 等 20 多种编程语言，还可以运用 100 多种口头语言。在专业语言熟练度考试中，PaLM 2 的日语水平达到了 A 级，法语水平达到了 C1 级。在谷歌发布的技术报告里，对于具有思维链 prompt 或自洽性的 MATH、GSM8K 和 MGSM 基准评估，PaLM 2 的部分结果超越了 GPT-4。同时，谷歌宣布升级 AI 聊天机器人 Bard，让它改由 PaLM 2 驱动，以此来提供更高明的回复。

不仅如此，PaLM 2 有一个基于健康数据训练的版本 Med-PaLM 2，根据 Alphabet 的首席执行官皮查伊的说法，“Med-PaLM 2 与基本模型相比，不准确推理减少到原来的九分之一，接近临床医学专家回答相同问题的表现”。皮查伊表示，Med-PaLM 2 已经成为第一个在医疗执照考试问题上达到专家水平的语言模型。此外，PaLM 2 还有一个基于网络安全数据训练的版本 Sec-PaLM 2，可以解释潜在恶意脚本的行为，检测代码中的威胁。这两个模型都将通过谷歌云提供给特定客户。这也是谷歌在大语言模型的小型化上非常重要的进步。在云端运行这种 AI 往往是很昂贵的，如果能在本地运行，无疑有着许多显著优势，如隐私保护。

在 ChatGPT 爆火后，PaLM 2 无疑是谷歌的一次重磅回击。

6.2.3　强悍的大模型——Gemini

2023 年 12 月 6 日，谷歌发布 AI 大模型 Gemini，也就是“双子座”大模型——它的诞生，几乎耗尽了谷歌的全部计算资源。

Gemini 与谷歌仓促发布的 Bard 完全不可同日而语。从本质上看，Gemini 依然是 AI 大语言模型，但与其他大语言模型不同的是，Gemini 是原生多模态 AI 模型，我们也可以将其理解为多合一的全功能 AI 产品。

在 Gemini 发布之前，市面上的大模型虽然在往多模态方面发展，但大多数仍然聚焦文本处理。GPT-4 的厉害之处是文字处理能力，能回答各种问题，甚至能写诗。但除此之外，2023 年 9 月和 11 月更新的图像识别和语音输入等功能，并没有文字处理能力那么令人惊艳。

Gemini 就不一样了，其可以处理不同类型的信息，包括文本、代码、音频、图像和视频等，直接将大模型推进到多模态的更为复杂的技术层面。

比如，在谷歌放出的演示视频中，研发人员可以直接让 Gemini 判断一道手写物理题解题的对错，并让它针对某一具体步骤给出讲解。这个功能对有学生的家庭来说，是非常重要且有用的，把作业上传给 Gemini，它就可以判断答案的正误，用户还可以用鼠标去点击那些错误的答案，Gemini 就会给出进一步的解释，具体哪个步骤错了？为什么错？正确的应该是什么样的？相当于有个家教在身边一样。

除此之外，在谷歌的演示视频中，研发人员给出图片素材，让 Gemini 猜测其对应的电影名；还可以让 Gemini 在几张图片之间找不同。

谷歌官方称，Gemini 的多模态推理功能能够理解复杂的书面和视觉信息，这就使其在大量数据中理解、过滤和提取信息的能力极为强大，未来可在科研、金融等领域发挥作用。此外，由于可以同时识别和理解文本、图像和音频等各类信息，因此，Gemini 擅长数学和物理等复杂学科的推理。

打个比方，如果说 ChatGPT 是一台高效的单屏计算机，Gemini 大概就是一套多功能的多屏工作站。单屏计算机提供基本的计算和办公功能，而多屏工作站则可以同时处理多个任务，展示更多的信息。

这样来看，Gemini 似乎是比 GPT-4 更强大，当然，谷歌也把 Gemini 和 GPT-4 做了对比，在 32 项基准测试中，Gemini 有 30 项领先于 GPT-4，并且，从数学、物理、历史、法律、医学和伦理学等 57 个科目的组合测试得分来看，Gemini 在绝大多数领域都强于 GPT-4。

在社交媒体平台 X（前身为推特）上，有网友实测对比了 Gemini 和 GPT-4 的能力。威斯康星大学麦迪逊分校的一位副教授提取了 Gemini 宣传视频中的 14 道题目，包括理科题解答、图像识别、逻辑推理、解释笑话、如何理清中国亲戚关系等，并将其“喂给”GPT-4。最终，GPT-4 在其中 12 道题上都与 Gemini 水平相当，但在一道数据图像处理题和一道数学题上略逊于 Gemini。

其实，对于 Gemini，谷歌一共推出了 3 种大小的模型，第一个模型是 Ultra，也就是 Gemini 最强大的模型，适用于高度复杂的任务，谷歌官方公布的演示视频基本都来自 Ultra。第二个模型是 Pro，是适用性最广的一个。第三个模型是 Nano，是一个小模型，用于高效终端计算，可以应用于手机这样的设备。这就是谷歌的优势所在，从大型的数据中心到小型的手持设备，很容易做到多端覆盖。

谷歌背水一战地推出 Gemini，向市场释放了一个信号，那就是 OpenAI 的 GPT 不再是难以企及、独一无二的存在了。

6.2.4 谷歌正在迎头赶上

今天，在大模型领域，谷歌正在迎头赶上。

2024 年 2 月 1 日，谷歌更新了 Gemini，增加多语言支持和文生图功能；2 月 8 日，谷歌又推出了付费订阅的 Gemini Advanced 版本（Gemini1.0 Ultra）。而这还只是一个开始，在短短一个月内，谷歌相继发布了 Gemini 的升级版——Gemini 1.5、开源模型 Gemma 和世界模型 Genie。

1. 发布 Gemini 1.5

就在大多数人还震撼于 Gemini 的强大时，2024 年 2 月 16 日，Gemini 的下一代大模型——Gemini 1.5 Pro，在毫无预告的情况下发布了。这是一个中型的多模态模型，针对广泛的任务进行了优化，Gemini 1.5 Pro 与 Gemini 相比，除性能显著增强外，还在长上下文理解方面取得突破，甚至能仅靠提示词学会一门训练数据中没有的新语言。此时距离 2023 年 12 月的 Gemini 发布，还不到 3 个月。

值得一提的是，在谷歌发布 Gemini 1.5 Pro 的 2 小时后，OpenAI 发布了 Sora。可以说，正是因为谷歌的 Gemini 1.5 Pro 将大模型从文本处理推进到多模态领域，在一定程度上促使 OpenAI 发布 Sora 这一文生视频的技术应用。即便如此，Gemini 1.5 Pro 的威力也是不可忽视的，与 Sora 一样，Gemini 1.5 Pro 也能够跨模态进行高度复杂的理解和推理。

DeepMind 首席执行官戴密斯·哈萨比斯代表 Gemini 团队发言，称 Gemini 1.5 Pro 的性能显著增强，它代表了其方法的一个步骤变化，建立在谷歌基础模型开发和基础设施的几乎每个部分的研究和工程创新之上。

在上下文理解方面，AI 模型的“上下文窗口”由 Token 组成，Token 是用于处理信息的构建块。上下文窗口越大，模型在给定的提示中可接收和处理的信息就越多，其输出也就变得更加一致、相关和有用。通过一系列机器学习创新，谷歌将上下文窗口的容量大大增加，从 Gemini 1.0 的 32000 个 Token，增加到 Gemini 1.5 Pro 的 100 万个 Token。

此外，Gemini 1.5 Pro 还能对大量信息进行复杂推理，其语言转译水平与人类相当。Gemini 1.5 Pro 可以在给定的提示词内无缝地分析、分类和总结大量内容。比如，当给它一份 402 页的阿波罗 11 号登月任务的记录时，它可以对文件中的对话、事件和细节进行推理。

Gemini 1.5 Pro 甚至能执行视频的理解和推理任务。在谷歌的演示视频中，展示了 Gemini 1.5 Pro 处理长视频的能力。谷歌使用的视频是巴斯特·基顿的 44 分钟电影，共 696161 个 Token。

演示视频展示了对电影进行直接上传，并给了模型这样的提示词：“找到从人的口袋中取出一张纸的那一刻，并告诉我一些关于它的关键信息及时间码。”随后，模型立刻处理，输入框旁边带有一个“计时器”实时记录所耗时间。不到一分钟，模型做出了回应，指出在 12 分 01 秒，有个人从兜里掏出了一张纸，内容是高盛典当经纪公司的一张当票，并且给出了当票上的时间、成本等详细信息。经查证，模型的回答准确无误。

Gemini 1.5 Pro 还展示了令人印象深刻的“情境学习”技能，它可以从长时间提示的信息中学习新技能，而无须额外的微调。谷歌在 MTOB（Machine Translation from One Book）基准上测试了这项技能，它显示了模型学习新信息的能力。特别是针对稀有语言，如英语与卡拉曼里语的互译，Gemini 1.5 Pro 实现了远超 GPT-4 Turbo、Claude 2.1 等大模型的测试成绩，水平与人类处理相同工作的水平相似。

2. 开源模型 Gemma

在 Gemini 1.5 Pro 发布不到一周后，谷歌又推出了全新的开源模型 Gemma 系列。与 Gemini 相比，Gemma 更加轻量，同时保持免费可用，模型权重也一并开源，且允许商用。

此次发布的 Gemma 包含两种权重规模的模型，分别具有 20 亿个参数和 70 亿个参数，并提供了预训练以及针对对话、指令遵循、有用性和安全性微调的检查点。其中，70 亿个参数的模型用于 GPU 和 TPU 上的高效部署和开发，20 亿个参数的模型用于 CPU 和端侧应用程序。不同的规模满足不同的计算限制、应用程序和开发人员要求。

谷歌表示，尽管体量较小，但 Gemma 模型已经“在关键基准测试中明显超越了更大型的模型”，谷歌发布的一份技术报告称，该公司将 Gemma 的 70 亿个参数模型与 LLaMA 2 的 70 亿个参数模型、LLaMA 2 的 130 亿个参数模型及 Mistral 的 70 亿个参数模型进行了不同维度的比较，在问答、推理、数学/科学、代码等基准测试方面，Gemma 的得分均优于竞争对手。

Gemma 还“能够直接在开发人员的笔记本计算机或台式计算机上

运行”。除轻量级模型外，谷歌还推出了鼓励协作的工具及使用这些模型的指南。英伟达在 Gemma 模型发布时表示，已与谷歌合作，确保 Gemma 模型通过其芯片顺利运行。英伟达还称，很快将开发与 Gemma 配合使用的聊天机器人软件。

谷歌表示，Gemma 采用了与构建 Gemini 模型相同的研究和技术。不过，Gemma 直接打入开源生态系统的出场方式，与 Gemini 截然不同。对于 Gemini 模型来说，虽然开发者可以在 Gemini 的基础上进行开发，但要么通过 API，要么在谷歌的 Vertex AI 平台上进行开发，被认为是一种封闭的模式，与同为闭源路线的 OpenAI 相比，未见优势。由于 Gemma 的开源，谷歌或许能够吸引更多的人使用自己的 AI 模型。

在模型开源的同时，谷歌还公布了有关 Gemma 的性能、数据集组成和建模方法的详细信息的技术报告，体现了 Gemma 的亮点，如 Gemma 支持的词汇表达到了 256K，这意味着它对英语之外的其他语言能够更好、更快地提供支持。

可以说，Gemma 作为一个轻量级的 SOTA 开放模型系列，表现出了强劲的语言理解、推理和安全性能。

不过，在 Gemma 开放给用户后，没过几天，就有各类的问题出现，包括但不限于内存占用率过高、莫名卡顿及种族偏见。这其实让我们看到了谷歌的急迫——谷歌急切地想在人工智能领域重新证明自己的实力，以至于接连发布了这么多大模型，但每次发布都难免“翻车”。毕竟，在这个技术更迭越来越快的科技时代，即便是谷歌都生怕被丢在后面。

3. 世界模型 Genie

谷歌并没有因“翻车”而停止攀登 AI 高峰，2024 年 2 月 26 日，谷歌在 DeepMind 官网发布了一篇关于世界模型 Genie 的文章。

这款名为 Genie 的新模型可以接受简短的文字描述、手绘草图或图片，并将其变成一款可玩的电子游戏，风格类似于《超级马力欧兄弟》等经典的 2D 平台游戏。但游戏的帧数惨不忍睹，只能以每秒 1 帧的速度运行，而大多数现代游戏格式通常为每秒 30 到 60 帧。

Genie 使用的训练数据来自网络上的数百款 2D 平台游戏视频，总时长为 3 万小时。加拿大阿尔伯塔大学的人工智能研究员马修·古兹戴尔表示，以前也出现过这种训练方法。2020 年，英伟达使用视频数据训练了一个名为 GameGAN 的模型，它可以生成与《吃豆人》风格类似的游戏。但所有这些例子都使用输入动作、控制器上的按键记录和视频片段来训练模型，如将马力欧跳跃的视频帧与“跳跃”动作（按键）相匹配。用输入动作标记视频片段需要大量的工作，这限制了可用的训练数据量。

相比之下，Genie 只接受了录像（视频）训练，然后它就能学会，如在 8 个可能的动作中，哪一个会导致视频中的游戏角色改变位置。这可以将无数现有的网络视频转化为潜在的训练数据。

Genie 可以根据玩家给出的动作，动态地生成游戏的每个新帧。按跳跃键，Genie 就会更新图像来显示游戏角色跳跃；按左键，图像就会显示角色向左移动。游戏逐个动作进行，每个新帧都是在玩家输入指令时从零生成的。

虽然 Genie 是一个内部研究项目，不会向公众发布，但 DeepMind 团队表示，有一天它可能会变成一个游戏制作工具，甚至成为一项新的工具，帮助人们来表达他们的创造力。

6.2.5　仍是 AI 浪潮中的超级玩家

事实上，在 AI 领域，谷歌的成绩不输于任何一家科技巨头。

2014 年，谷歌收购 DeepMind，曾被外界认为是一种双赢——谷歌将行业最顶尖的人工智能研究机构收入麾下，而“烧钱”的 DeepMind 也获得了雄厚的资金和资源支持。DeepMind 一直是谷歌的骄傲，它是世界领先的人工智能实验室之一。自成立以来，它交出的成绩单十分亮眼。

2016 年，DeepMind 开发的程序 AlphaGo 挑战并击败了世界围棋冠军李世石，相关论文登上了《自然》杂志的封面。许多专家认为，这一成就比预期提前了几十年。AlphaGo 展示了赢得比赛的创造性，在某些情况下甚至找到了挑战数千年围棋智慧的下法。

2020 年，在围棋博弈算法 AlphaGo 大获成功后，DeepMind 转向了基于氨基酸序列的蛋白质结构预测，提出了名为 AlphaFold 的深度学习算法，并在国际蛋白质结构预测竞赛 CASP13 中取得了优异的成绩。DeepMind 还计划发布总计 1 亿多个结构预测——相当于所有已知蛋白质的近一半，是蛋白质数据银行（Protein Data Bank，PDB）结构数据库中经过实验解析的蛋白质数量的几百倍之多。

在过去半个多世纪，人类一共解析了五万多个人源蛋白的结构，人体蛋白质组里大约 17%的氨基酸已有结构信息；而 AlphaFold 的预测结构将这一数字从 17%大幅提高到 58%；因为无固定结构的氨基酸比例很大，58%的结构预测几乎已经接近极限。这是典型的量变引起巨大的质变，而这一量变是在短短一年之内发生的。

2022 年 10 月，DeepMind 研发的 AlphaTensor 登上了《自然》杂志封面，这是第一个用于为矩阵乘法等基本计算任务发现新颖、高效、正确算法的 AI 系统。

2023 年 11 月，谷歌 DeepMind 推出的天气预测大模型——GraphCast，可以高精度预测未来 10 天的全球天气。GraphCast 提供了一种区别于传统路径的方法：通过数据，而不是通过物理方程来创建天气预报系统。GraphCast 只需要输入两组数据——6 小时前的天气状态和当前的天气状态，来预测未来 6 小时的天气情况。然后，该过程可以以 6 小时为增量向前滚动，最多可以提前 10 天进行预测。研究发现，与行业黄金标准天气模拟系统——高分辨率预报相比，GraphCast 在 1380 个测试变量中的准确预测率超过 90%。虽然 GraphCast 没有经过捕捉恶劣天气事件的训练，但还是能比传统预报模型更早地识别出恶劣天气事件。并且，GraphCast 可以预测未来气旋的潜在路径，比以前的方法要早 3 天。它还可以识别与洪水风险相关的大气河流，并预测极端温度。

同月，DeepMind 开发出了全新 AI 材料发现工具 GNoME，其能够预测新材料的稳定性，大大提高了发现新材料的速度和效率。过去，科学家们通过调整已知晶体或试验新的元素组合来寻找新的晶体结构。这是一个昂贵且耗时的试错过程，通常需要几个月的时间才能得到有限的结果。而 DeepMind 使用 GNoME 预测出了 220 万种新的晶体，其中的 38 万种具有稳定的结构。在 GNoME 预测的新材料中，有 736 种与其他科学家独立发现的材料是一致的，说明新发现的材料是客观真实的。这意味着，人类发现的稳定晶体数量一下子被提升了近 9 倍。

此外，谷歌发明的 Transformer 是支撑 AI 模型的关键技术，其实也是 GPT 的底层技术。最初的 Transformer 模型一共有 6500 万个可调参数，谷歌大脑团队使用了多种公开的语言数据集来训练这个最初的 Transformer 模型，它是一种基于自注意力机制的深度学习模型，用于处理序列数据。在此之前，序列数据处理主要依赖于循环神经网络和长短期记忆网络，但这些模型在长距离依赖和并行计算方面存在限制。此外，Transformer 模型是一个开源的模型，或者说是一种开源的底层模型。

而在当时，谷歌所推出的这个最初的 Transformer 模型在翻译准确度、英语成分句法分析等各项评分上都达到了业内第一，成为当时最先进的大语言模型。ChatGPT 使用了 Transformer 模型的技术和思想，并在其模型基础上进行扩展和改进，以更好地适用于语言生成任务。

算力方面，2016 年谷歌推出 TPUv1，开始布局 AI 模型算力，其最新一代 TPUv4 的算力水平全球领先。同时，谷歌通过推出 EdgeTPU 和 CloudTPU 实现对于更广泛场景的算力支持。并且，根据 Gartner

CIPS 报告，谷歌云平台是仅次于 AWS 和微软的云服务“领导者”——其在广泛的使用场景中都展现出强大的性能。通过扩展云平台能力和业务的规模，以及收购相关公司，谷歌逐步成为领先的 IaaS（基础设施即服务）和 PaaS（平台即服务）提供商。

可以看到，在人工智能领域，谷歌的成绩并不输于任何一家科技巨头——谷歌曾引领了上一轮人工智能算法的发展，尽管在新一轮人工智能浪潮中，谷歌面临着更多的挑战，但显然，谷歌仍是其中的“超级玩家”。可以说，在当前全球范围内，有能力在人工智能技术上全面挑战 OpenAI 的非谷歌莫属。

6.3 放弃元宇宙，Meta 的努力

在大模型市场，Meta 是重要的变数。

与 OpenAI、谷歌和其他人工智能公司不同，Meta 走的是开源大模型的道路。一直以来，因为开源协议问题，很多大模型都不可免费商用，但 Meta 却打破了这一状况，其接连发布的 LLaMA 大模型系列被认为是 AI 社区内最领先的开源大模型。这不仅奠定了 Meta 在大模型行业的重要地位，也给大模型的市场格局带来了诸多变数和冲击。

6.3.1　从元宇宙转向大模型

2024年2月，Meta迎来了属于自己的高光时刻：Meta市值重回“万亿美元俱乐部”，创下美股历史最高单日涨幅纪录。其股价一天内暴涨逾20%，市值更是一夜狂涨2045亿美元，折合人民币约1.5万亿元，相当于一夜涨出了一个“阿里巴巴”。要知道，在2023年初，外界对Meta的讨论还是字节跳动能否超越Meta，张一鸣有没有机会逆袭扎克伯格。仅仅过了一年，事情就发生了反转——Meta拿出了史上最强财报。

Meta股价强劲上涨的背后，核心原因在于Meta放弃了元宇宙而转向了大模型。可以说，搭上AI快车、布局超算中心和AI芯片等新赛道，让Meta迎来了曙光。

Meta为元宇宙所做的布局是有目共睹的，在扎克伯格看来，VR代表了未来人类交互的数字世界的方向，甚至不惜将Facebook改名为Meta。但就结果而言，扎克伯格的这一押注看起来是失败的。

Meta花费了几百亿美元在元宇宙的项目上，依然没能制造出消费者喜欢的产品。负责虚拟现实和虚拟现实业务的Reality Labs（现实实验室）部门是Meta主要负责“元宇宙”相关业务的部门。而根据Meta的财报，Reality Labs业务在2023年第四季度亏损46.46亿美元，全年亏损161.2亿美元，而2022财年该业务亏损137.17亿美元。

从技术角度来说，当前的元宇宙是为了给资本市场讲故事而包装出来的概念。原因很简单，Meta 在当时面临非常大的挑战，也就是它的核心业务“社交娱乐”遭受 TikTok 的直接挑战。所以 Meta 急需一个新的概念来说服投资者，但是元宇宙的宏大叙事过于虚幻，甚至未来 5 年内我们都不可能看到元宇宙的实现。

在这样的背景下，Meta 做出了重要并且关键的选择，那就是及时止损，对相关的元宇宙业务与人员进行了大规模的裁减，同时转向更加务实的 AI 研发，包括推出开源大模型，以及借助于大语言模型技术对公司业务的改造，尤其是借助于 AI 技术为旗下的各种娱乐社交提供更多的创作工具，这让市场看到了 Meta 在社交娱乐领域改善用户黏性的可能。

可以说，人工智能拯救了 Meta，而开源大模型的公布，更是让 Meta 在大模型市场拥有了重要的一席之位，并且让资本市场看到了 Meta 正在朝正确的战略方向上发展，也就是人工智能的赋能。

6.3.2 开源大模型 LLaMA 系列

2023 年 2 月，Meta 宣布推出大语言模型 LLaMA（Large Language Model Meta AI），正式加入由 OpenAI、谷歌等头部科技公司主导的 AI“军备竞赛”。LLaMA 是一个类似于 OpenAI 的 ChatGPT 的聊天机器人，训练数据包括 CCNet、C4、Wikipedia、arXiv 和 Stack Exchange 等。然而，最初版本的 LLaMA 仅提供给具有特定资格的学术界人士，采用非商业许可。

扎克伯格表示，LLaMA 旨在帮助研究人员推进研究工作，大语言模型在文本生成、问题回答、书面材料总结，以及自动证明数学定理、预测蛋白质结构等更复杂的领域有很大的发展前景，能够解决 AIGC 工具可能带来的“偏见、刻薄的评论、产生错误信息的可能性”等问题。

Meta 提供了 70 亿、130 亿、330 亿和 650 亿四种参数规模的 LLaMA 模型。在一些测试中，仅有 130 亿个参数的 LLaMA 模型，性能表现超过了拥有 1750 亿个参数的 GPT-3，而且能运行在单个 GPU 上；拥有 650 亿个参数的 LLaMA 模型，能够媲美拥有 700 亿个参数的 Chinchilla 和拥有 5400 亿个参数的 PaLM。

与此同时，所有规模的 LLaMA 模型，都至少经过了 1T（1 万亿）个 Token 的训练，这比其他相同规模的模型要多得多。例如，LLaMA 65B 和 LLaMA 33B 经 1.4 万亿个 Token 训练，而最小的模型 LLaMA 7B 也经过了 1 万亿个 Token 的训练。

从 LLaMA 的能力评估来看，在常识推理方面，LLaMA 涵盖了 8 个标准常识性数据集。这些数据集包括完形填空、多项选择题和问答等。结果显示，拥有 650 亿个参数的 LLaMA 在除 BoolQ 外的所有基准测试中的水平均超过拥有 700 亿个参数的 Chinchilla，拥有 130 亿个参数的 LLaMA 模型的大多数基准测试结果优于拥有 1750 亿个参数的 GPT-3。

在闭卷答题和阅读理解方面，LLaMA-65B 几乎在所有基准上与 Chinchilla-70B 和 PaLM-540B 不相上下。

在代码生成测试方面，基于编程代码开源数据集 HumanEval 和小型数据集 MBPP，被评估的模型会收到几个句子中的程序描述及输入/输出实例，然后生成一个符合描述并能够完成测试的 Python 程序。结果显示，LLaMA-62B 优于 cont-PaLM（62B）和 PaLM-540B。

LLaMA 在各个方面的能力评估表现都不错。不过，相比第一代 LLaMA，2023 年 7 月 19 日发布的第二代 LLaMA——LLaMA 2，不仅在性能上更进一步，还是一个完全开源的（即可以免费商用的）大模型。

具体来看，LLaMA 2 模型系列包含 70 亿、130 亿和 700 亿三种参数规模变体，此外还训练了 340 亿参数规模变体，但没有对外发布。

为了创建全新的 LLaMA 2 模型系列，Meta 以 LLaMA 1 论文中描述的预训练方法为基础，使用了优化的自回归 Transformer，并做了一些改变以提升性能。LLaMA 2 的训练数据比 LLaMA 多了 40%，上下文长度也翻倍了，并采用了分组查询注意力机制。具体来说，LLaMA 2 预训练模型是在 2 万亿个 Token 上训练的，精调 Chat 模型是在 100 万个人类标记数据上训练的。总的来说，作为一组经过预训练和微调的大语言模型，LLaMA 2 模型系列的参数规模从 70 亿到 700 亿不等。其中，LLaMA 2-Chat 针对对话用例进行了专门优化。

公布的测评结果显示，LLaMA 2 在推理、编码、精通性和知识测试等许多外部基准测试中，测试结果都优于其他开源语言模型。

可以说，在 AI 这条道路上，2023 年，Meta 最明智的决策之一就是相继开源了一代和二代 LLaMA，成为开源大模型的标杆。

要知道，在目前的大模型市场上，由于训练的成本极高，OpenAI 和谷歌都选择了“闭源”，以此确保自己的竞争优势。而 Meta 的开源商用，直接向 OpenAI 的“闭源”模式发起挑战。随着开源平台的兴起，人工智能竞争格局必将发生重大变化。

回顾 2008 年，各手机厂商都在奋力研发操作系统追赶苹果的 iPhone。微软有 Windows Mobile、黑莓有 BBOS、诺基亚基于 Linux 系统开发了 Maemo。过了五年，市场上主流的智能手机要么来自苹果，要么装着谷歌开源的 Android 系统。现在，苹果的竞争对手们不再做属于自己的操作系统，但它们占据着超过 80%的智能手机市场。

Meta 的操作，其实就是在牵头做大模型时代的开源标准。当然，Meta 的开源肯定不是无私奉献的，其目标是用自己的开源人工智能模型颠覆 OpenAI 通过 ChatGPT 建立的主导地位，瞄准更广泛的受众。开源社区爆发出来的强大潜力将不断反哺 Meta。

开源的逻辑偏向于大模型达到一定能力后，就扩大新技术的覆盖范围，让更多的人使用技术，然后从大量应用中改进模型。而闭源的公司，如 OpenAI 更偏向于技术领先，研发强大模型后再推广给更多人。就像 iOS 与 Andriod 在手机操作系统上的竞争，开源与闭源的竞争并不都是在同一维度上的短兵相接，大模型领域也会出现类似的分化。

在这种新的竞争格局下，连谷歌都没有信心继续保持领先。2023 年 5 月，谷歌一位高级工程师曾在内部撰文称，尽管谷歌在大模型的质量上仍然略有优势，但开源产品与谷歌大模型的差距正在以惊人的速度缩小，开源的模型迭代速度更快，使用者能根据不同的业务场景做定制开发，更利于保护隐私数据，成本也更低。

在这样的情况下，Meta 在 2023 年迎来了股票表现最好的一年。

如果扎克伯格能够保持专注，或许，Meta 真的有机会转变为人工智能头部公司。可以说，一场新的 AIGC 领域的竞争正在展开。

6.3.3 Meta 正在大步向前

除开发出 LLaMA 系列外，基于 LLaMA 2，Meta 还打造了人工智能聊天机器人——Meta AI。

Meta 将其视为一个可以处理各种事务的通用助手。同时，Meta 与微软的 Bing 合作，这意味着 Meta AI 能够提供实时网络结果，这使 Meta AI 与许多其他没有最新信息的免费 AI 工具区分开来。

Meta AI 的另一个重要特点是它能够通过提示生成 Midjourney 或 OpenAI 的 DALL-E 所擅长的图像。

Meta 负责 AIGC 业务的副总裁艾哈迈德·达勒表示，与 LLaMA 2 不同，他的团队花了很多时间提炼额外的对话数据集，以便创建一种对话式且友好的语气，让人工智能助手做出回应。Meta 扩展了模型的上下文窗口，或者说能够利用之前的交互来生成模型接下来的内容。

Meta 除面向用户发布 AI 应用外，其在 AI 算力上也做了许多布局。根据扎克伯格的说法，Meta 将在 2024 年底前部署超过 35 万块英伟达 H100 用于训练大模型。

不过与其依赖英伟达，Meta 显然更希望加强自研实力。2023 年 5 月，扎克伯格透露，Meta 正在建设一个全新的人工智能数据中心，并投入大量资金研发 AI 推理芯片。2024 年 1 月底，Meta 官方发言人透露，第二代自研 AI 芯片 Artemis 将于年内投产。目前关于 Artemis 的更多消息尚未公布，但其上一代产品 MTIA v1 采用了台积电 7nm 先进制程工艺，运行频率为 800MHz，第二代产品的性能预计将有大幅提升。

无论是在开源 AI 大模型方面突飞猛进，还是在芯片、算力等方面的积极运作，Meta 都在 AI 领域大步向前，Meta 在科技圈的形象已经重塑。

6.4　Anthropic：OpenAI 的最强竞争对手

在大模型行业，除老牌的头部科技公司进行激烈竞争外，一批新的 AI 独角兽公司涌入这一波浪潮。初创公司 Anthropic 被称为 OpenAI 的最强竞争对手，其创始团队就来自 OpenAI。

6.4.1　来自 OpenAI 的创始团队

Anthropic 作为一家成立不到 2 年的公司，已经成为硅谷最受资本欢迎的人工智能公司之一。

Anthropic 的创始团队成员是 GPT 系列产品的早期开发者。2020 年 6 月，OpenAI 发布第三代大语言模型 GPT-3。半年之后，负责 OpenAI 研发的研究副总裁达里奥·阿莫迪和安全政策副总裁丹妮拉·阿莫迪离职，创立了一家与 OpenAI 价值观不同的人工智能公司——Anthropic。

达里奥·阿莫迪和丹妮拉·阿莫迪是亲兄妹。达里奥于 1983 年出生在意大利，在美国长大，先后在百度和谷歌工作，在 2016 年加入 OpenAI。

2019 年，OpenAI 宣布从非营利组织重组为“有限盈利”组织，引发了内部的紧张局势，许多员工对于 OpenAI 是否会垄断人工智能领域产生了困扰。

达里奥这样描述了离开 OpenAI 并创立 Anthropic 的决定：“在 OpenAI 内部有一群人，在构建了 GPT-2 和 GPT-3 后，他们对两件事有非常强烈的信念，一是认为对这些模型投入的计算资源越多，它们就会变得越好，几乎没有尽头。我认为现在这个观点得到了广泛的认可；二是认为除扩大模型规模之外所必需的，是对齐或安全性，仅通过增加计算资源并不能向模型传递价值观。所以我们秉持着这个想法，成立了自己的公司。”

达里奥的妹妹丹妮拉于 2018 年加入 OpenAI，先是担任工程经理和人力资源副总裁，随后成为安全和政策副总裁，负责监督技术安全和政策职能，并管理业务运营团队。

2020 年 12 月，包括达里奥和丹妮拉在内的 15 名研究人员离开 OpenAI，成为 Anthropic 的创始团队。

6.4.2 为了安全的努力

自成立以来，Anthropic 将其资源投入到“可操纵、可解释和稳健的大规模人工智能系统”，强调其与“乐于助人、诚实且无害”的人类价值观相一致。

Anthropic 成立后不久，发布了一系列研究大规模 AIGC 模型的不可预测性的论文。2022 年 2 月，Anthropic 发表《大型生成式模型中的可预测性和惊喜》，分析不可预测的损失，研究发现，尽管模型的准确性随着模型参数量的增加而不断提升，但某些任务（如三位数加法）的准确性在达到某些参数计数阈值时似乎会飙升。文中写道：“开发人员无法准确地告诉你，模型随着规模的扩大，将会出现哪些新行为。”“例如，当开发人员增加模型的大小时，完成特定任务的能力有时会突然出现。”这种不可预测性可能会导致意想不到的后果。

2022 年 4 月，Anthropic 推出了一种使用偏好建模和来自人类反馈的强化学习方法，来训练“有用且无害”的人工智能助手。模型与人工助手进行开放性对话，为每个输入提示生成多个响应。然后由人来选择他们认为最有帮助和/或无害的响应，随着时间的推移构建奖励模型。最终，这项对齐工作使得模型在零样本和少样本任务（即完全没有示例或先前示例有限的任务）中比普通语言模型更为强大。

2022 年 12 月，Anthropic 发布了“宪法人工智能”来训练“有用且无害”的人工智能助手。这一训练过程包括 3 个步骤：一是通过监督学习来训练模型，以遵守不同来源的某些道德原则；二是创建一个类似的偏好模型；三是使用偏好模型作为初始模型的判断器，通过强化学习逐步提高其输出。达里奥认为，这种“宪法人工智能”模型可以按照任何选定的原则进行训练，这个过程被称为“从 AI 反馈中进行强化学习”，使人类角色成为可扩展的安全措施。同时，“宪法人工智能”增加了模型的透明度，因为相关人工智能系统的目标变得更容易解读。

6.4.3 GPT的最强竞品

Anthropic不仅被称为OpenAI的最强竞争对手，Anthropic旗下的Claude系列同样被称为GPT的最强竞品。

2023年3月，Anthropic推出了类ChatGPT产品——Claude。Anthropic指出，Claude的答案比其他聊天机器人的更有帮助且无害，还具有解析PDF文档的能力。美国媒体Vox报道称，Anthropic早在2022年5月就研发出了能力与ChatGPT不相上下的产品，但因为担心安全问题，并没有选择对外发布，而且，它不想成为第一家引起轰动的公司。

尽管实际推出比ChatGPT晚了3个月，Claude仍然是全球最快跟进ChatGPT所推出的同类产品。类似的近身竞争又出现了一次：2023年3月14日，OpenAI推出能力更强大的多模态模型GPT-4；7月，Claude 2.0发布了。Claude 2.0旨在提供更好的对话能力、更深入的上下文理解以及比其前身更好的道德行为，参数量比上一次迭代翻了一番，达到8.6亿个。

2023年11月，Claude 2.1发布。Anthropic表示，Claude 2.1的上下文窗口相当于150000个词的内容（上下文窗口的大小直接影响语言模型在生成答案时能够同时考虑多少信息）。这使得用户可以上传整个代码库、财务报告以供模型处理，为应用提供广泛的可能性。

根据初步测试，还没有迹象显示 Claude 2.1 在质量方面足以超越 GPT-4 Turbo，但其在安全性领域表现出了优势。Anthropic 表示，与 Claude 2.0 相比，Claude 2.1 的幻觉率减少了一半，这一重要改进意味着组织可以更加自信和可靠地构建 AI 应用程序，从而提高效率和准确性。

与 Claude 2.1 一同发布的还有一个名为“工具使用”的测试功能，使 Claude 能够更好地与用户的现有流程、产品和 API 相集成。Claude 可以编排开发人员定义的功能或 API，搜索网络资源，并从私有知识库中检索信息，为用户提供更多的智能支持。为了让 Claude API 用户更容易地测试新的调用并加速学习曲线，开发者控制台已经得到了简化。新的工作台允许开发者在一个富有趣味的环境中处理提示，并访问新的模型设置来调整 Claude 的行为，使开发过程更加顺畅。Claude 2.1 目前已经通过 API 提供，并在 claude.ai 官网上支持免费和专业版计划的聊天界面。

同时，GPT-4 每月收取用户 20 美元，Claude 则实行免费策略。这使不愿付费但又想使用高品质 AIGC 服务的用户多了一个选择。对 Claude 来说，它只需要跟同样单模态（只处理语言、不处理图片）的 GPT-3.5 竞争就可以了。

6.4.4　全面超越 GPT-4

在与 OpenAI 的竞争中，Anthropic 从未停止脚步。如果说 Claude

2.1 还难以超越 GPT-4 Turbo，那么 2024 年 3 月 6 日发布的新一代 Claude 3 则全面超越了 GPT-4。

Claude 3 系列包含 3 个模型，按能力由弱到强排列分别是 Claude 3 Haiku、Claude 3 Sonnet 和 Claude 3 Opus。

Claude 3 Opus 支持 200K 的超长上下文窗口，能够以绝佳的流畅度和人类水平的理解能力来处理开放式提示和未见过的场景。Claude 3 Opus 在多项基准测试中的得分都超过了 GPT-4 和 Gemini 1.0 Ultra，在数学、编程、多语言理解、视觉等多个维度树立了新的行业基准。Anthropic 表示，Claude 3 Opus 拥有人类本科生的知识水平。

Claude 3 Sonnet 在智能程度与运行速度之间实现了理想的平衡，尤其是对于企业工作负载而言。与同类模型相比，它以较低的成本提供了强大的性能，并专为大规模 AI 部署中的高耐用性而设计。

Claude 3 Haiku 是速度最快、最紧凑的模型，具有近乎实时的响应能力。Claude 3 Haiku 支持的上下文窗口同样是 200K，能够快速回答简单的查询和请求，用户可以通过它来构建模仿人类交互的无缝 AI 体验。

Claude 系列首次拥有了多模态的能力——Claude 3 具有与其他头部模型相当的复杂视觉功能，可以处理各种视觉格式数据，包括照片、图表和图形。

根据 OpenAI 的技术报告，相较于前几代的 Claude，Claude 3 的智能水平突飞猛进。让 Claude 3 扮演经济分析师，在开放式的问题面前，它也能给出非常专业的分析结果。比如，给 Claude 3 一张美国过去二十年的 GDP 数据图，让它预测未来几年美国经济的大致走向，短短几秒，它不仅生成了结果，而且还预测出了几十种走向。此外，Claude 3 能够读懂论文、分析论文、解释论文。

更重要的是，Anthropic 认为，Claude 3 是值得信任的。Anthropic 有多个专门的团队负责跟踪和减轻各种风险，这些风险范围广泛，包括错误信息、生物滥用、选举干预和自主复制技能等。Anthropic 表示会继续开发诸如宪法人工智能（Constitutional AI）等技术，以提高模型的安全性和透明度，并调整模型以减少新模态可能引发的隐私问题，解决日益复杂的模型中的偏见需要持续努力，Anthropic 在这个新版本中取得了进展。正如模型卡片所示，根据问题回答偏见基准（Bias Benchmark for Question Answering，BBQ），Claude 3 表现出的偏见比之前的模型要少。Anthropic 致力于推进减少偏见和促进模型中立性的技术，确保它们不会偏向任何特定的党派立场。

虽然 Claude 3 系列在生物知识、网络相关知识和自主性等关键指标上比之前的模型有所进步，但根据 Anthropic 的“负责任扩展政策”，它仍然在共 4 级的人工智能安全等级中处于 2 级（AI Safety Level 2，ASL-2）。Anthropic 表示将继续监控未来的模型，以评估它们接近 ASL-3 阈值的程度。

Anthropic 的 Claude 已用于各种不同的行业，如客户服务和销售，2023 年 8 月，韩国领先的电信运营商 SK Telecom 宣布与 Anthropic 建立合作伙伴关系，在广泛的电信应用中使用 Claude，尤其是客户服务。Claude 扩展的上下文窗口允许客户读取和写入更长的文档，这可用于解析法律文档。Claude 还可以集成到各种办公工作流程中，Claude App for Slack 就是在 Slack 平台上构建的。

2023 年是 Anthropic 疯狂融资的一年。5 月，Anthropic 在 Spark Capital 领投的融资中筹集了 4.5 亿美元；下半年，Anthropic 几乎短短几个月就会宣布获得一轮融资：8 月，韩国最大的电信运营商之一 SK Telecom 独家投资 1 亿美元；9 月，亚马逊投了 40 亿美元；10 月，谷歌加注 20 亿美元。目前，Anthropic 的估值已达 300 亿美元，是仅次于 OpenAI 的通用大模型企业。Anthropic 的假设是，处于人工智能发展的前沿是引导其走向积极社会成果的最有效方式。

6.5 马斯克，发布全球最大的开源大模型

面对 OpenAI 的成功，埃隆·马斯克的感受显然是非常复杂的。毕竟，马斯克与 OpenAI 的渊源于 2015 年就开始了——马斯克曾是 OpenAI 的创始人之一。

后来，从离开 OpenAI，到多次公开指责 OpenAI“不开源”以及一纸诉状把 OpenAI 告上法庭，再到发布全球最大的开源大模型 Grok-1，马斯克也在大模型的赛道上全力以赴。

6.5.1 为 OpenAI 做了嫁衣

2015 年，马斯克与几名供职于谷歌的 AI 研发人员讨论起了他们心中共同存在的担忧——人工智能终将会接管世界，但相关技术却被

个别互联网公司所掌握。因此，他们筹划建立一家不以追求利润为目标的 AI 研究机构，发挥人工智能的最大潜力，做到全面开源，分享技术。基于此，OpenAI 在加州旧金山正式创立。

而后，特斯拉与 AI 技术的关联越来越深，马斯克的主业与 OpenAI 非营利组织的定位产生了明显的利益冲突。2017 年，OpenAI 研究员、斯坦福大学博士 Andrej Karpathy 跳槽到特斯拉担任人工智能及自动驾驶视觉总监，直接向马斯克汇报。外界越发担忧特斯拉将运用 OpenAI 的技术实现系统和产品升级。马斯克必须与 OpenAI 划清界限。2018 年，马斯克离开 OpenAI 的董事会，转变为赞助者和顾问。

虽然非营利的愿望是美好的，但是 AI 技术研发所需要的资金投入却是冷冰冰的现实数字。2018 年，OpenAI 推出的 GPT-3 语言模型在训练阶段就花费了 1200 万美元。于是，秉承开源设想的科研人员也不得不在资金支持面前妥协让步，放弃非营利的设想。2019 年，OpenAI 转为有利润上限的营利机构，股东的投资回报被限制为不超过原始投资金额的 100 倍。

公司性质刚刚转换，微软就宣布为 OpenAI 注资 10 亿美元，并获得了将 OpenAI 部分 AI 技术商业化的许可。告别马斯克，携手微软，OpenAI 的转换让舆论甚至怀疑所谓的利益冲突避嫌更像是在利益分配上没有达成一致，马斯克选择了退出。有传言称，微软在注资前并非只要求了 OpenAI 技术的优先使用权，还要求加入排他性条款。

2020 年，马斯克表示 OpenAI 应当变得更“开放一些”。他支持舆论对“OpenAI 变成 ClosedAI”的批评，还称自己能从公司获得的消息非常有限。他对公司高管在安全领域的信心并不高。

在马斯克看来，OpenAI 已偏离了成立时的预期目标，成为一个以利润为导向的实体公司。马斯克还谴责 OpenAI 遭到微软的控制——在微软成为最主要的投资者后，OpenAI 是微软挑战谷歌在 AI 领域地位的工具，这几乎是舆论默认的事实。

随着 ChatGPT 大获成功，某种程度上，马斯克所担忧的 AI 技术会被几家头部科技公司所掌控的现实终于还是发生了。马斯克的这一次创业倒像是“为他人做了嫁衣”。

6.5.2 入局激烈的开源之战

在大模型领域，ChatGPT 的突然成功给马斯克带来了挑战和冲击。因为马斯克所布局的产业，无论是星链、特斯拉还是脑机接口等项目，都离不开人工智能，就连所收购的推特也需要 AI“加持”。

要知道，GPT 系列的研发是自然语言处理领域中一项引人瞩目的进展，它阅览了互联网上的数据，并在超级复杂的模型之下进行深度学习。语言是人类智慧、思维方式的核心体现，因此，自然语言处理被称作“AI 皇冠上的明珠”，GPT 的出色表现，被认为是迈向通用 AI 的一种可行路径——作为一种底层模型，它再次验证了深度学习中“规模”的意义。正因为 GPT 有更好的语言理解能力，意味着它可以更像一个通用的任务助理，能够与不同行业结合，衍生出很多应用的场景，这对马斯克的 X（前身为推特）和特斯拉来说都是挑战。

在这样的背景下，2023 年 7 月，马斯克宣布成立人工智能公司

xAI，公司使命是“了解宇宙的真实本质”，目标是打造 OpenAI 的竞争对手。同年 11 月，马斯克正式发布 xAI 旗下首个大模型和应用成果方案 Grok，并将 Grok AI 助手内置在社交平台 X 上。

2024 年 3 月 17 日，马斯克真的实现了他的承诺——大模型 Grok-1 开源。xAI 官方博客文章称，将发布 Grok-1 的基础模型权重和网络架构：“这是我们的大语言模型，拥有 3140 亿个参数，由 xAI 从零开始训练。”

Grok-1 遵照 Apache 2.0 协议开放模型权重和架构，其开源意味着模型的权重和网络架构变得公开可用。模型的权重主要指模型的参数量，一般来说，参数越多，模型越复杂，性能也就更好。具有 3140 亿个参数的 Grok-1 是迄今为止参数规模最大的开源大语言模型，远超 OpenAI GPT-3.5 的 1750 亿个参数（未开源）。同时，Grok-1 远超其他开源模型，包括 Meta 开源的 700 亿个参数的 LLaMA 2，Mistral 开源的 120 亿个参数的 8x7B，谷歌开源的最高 70 亿个参数的 Gemma，也远高于国内的阿里巴巴、智谱、百川等公司开源的大模型。

Grok-1 的架构是 xAI 在 2023 年 10 月使用自定义训练堆栈在 JAX 和 Rust 上从头开始训练的，采用了混合专家（Mixture-of-Experts，MOE）架构，同时利用了 25%的权重来处理给定的标记，从而提高了大模型的训练和推理效率。

xAI 还表示，Grok-1 基础模型基于大量文本数据训练，未针对特定任务进行微调。但 Grok 并未公布其训练数据的全部语料库，这也意味着用户无法了解模型的学习来源，因此在开源程度上不如 Pythia、BLOOM、OLMo 等附带可复现的数据集的模型。

目前，Grok-1 的源权重数据大小约 300GB，其发布版本所使用的训练数据来自截至 2023 年第三季度的互联网数据和 xAI 的 AI 训练师提供的数据。

在 xAI 将 Grok-1 上传到开源社区 GitHub 后，任何个人或企业都可以下载其代码，获取 Grok 的权重和其他相关文档，并使用副本进行各种应用，包括商业用途。根据 Grok-1 遵循的 Apache 许可证 2.0，其允许被商业使用、修改和分发，但不能注册商标，使用者也不会收到任何保证。但 xAI 要求使用者必须复制原始许可证和版权声明，并声明他们所做的任何更改。

不过，xAI 并未公布 Grok-1 更多的模型细节，也没有给出 Grok-1 的最新测试成绩。2023 年 11 月，xAI 正式推出 Grok 聊天机器人，背后正是基于用时 4 个月研发的大模型 Grok-1，其由最初训练的 330 亿个参数的原型 Grok-0 进化而来。

根据 xAI 当时公布的 Grok-1 大模型在衡量数学和推理能力的标准基准测试中，其在 GSM8k、MMLU、HumanEval、MATH 等测试集中的表现超过了 GPT-3.5、LLaMA 2（70B）及 Inflection-1，但不及谷歌的 PaLM 2、Claude 2 和 GPT-4。

Grok 可以访问搜索工具和实时信息，能从社交平台 X 实时获取信息，但不具备独立搜索网络的能力，同时，跟所有的大语言模型一样，Grok-1 仍具备大模型的通病——幻觉问题。因此，xAI 认为，解决当前系统局限性最重要的方向，就是实现可靠的推理，包括开发可扩展的监督、长上下文理解和检索、多模态功能等。相较 GPT 已具备语音、图像、视频等功能，Grok 还未就多模态进行布局。

可以说，随着 Grok-1 开源，xAI 将会成为对抗闭源的 OpenAI 的“开源大军”中的重要存在，当然也会和开源的 Meta、谷歌等形成竞争。不过，从目前披露的信息来看，xAI 在技术方面整体仍不及 OpenAI，其想要靠开源对抗 OpenAI 是有难度的。而如果 xAI 要想借助开源追上 OpenAI，恐怕还需要更多的投入。

6.6　大模型的下一步，路在何方

自 ChatGPT 问世以来，全球科技界就掀起了以大模型为代表的新一轮人工智能浪潮。众多头部科技公司和研究机构都想在这轮浪潮中分得一杯羹，中国的各大企业纷纷进军大模型，呈现出“百模大战”的竞争态势。

然而，上百个大模型竞相迸发的背后，有限的赛道资源使得同质化的趋势初现端倪。百度、阿里巴巴、腾讯，以及字节跳动、美团等大模型产品的界面、功能、使用方式都近乎一致。

百模大战，战况如何？大模型的下一步，路在何方？

6.6.1　99%的大模型终将失败

ChatGPT 的成功毋庸置疑，无论我们是否赞同，以 ChatGPT 为代表的大模型正在改变世界。ChatGPT 的爆发就像一个开关，触发了头部科技公司的竞争，在全球范围内掀起了一场大模型的热潮，毕竟，面对人工智能的颠覆性力量，谁也不想掉队。但必须要承认的是，入局大模型并不是一件容易的事，想要成功训练出大模型，数据、算法、算力缺一不可。根据 SemiAnalysis（一家半导体产业分析机构）估算，ChatGPT 一次性训练费用就达 8.4 亿美元，生成一条信息的成本为 1.3 美分，是传统搜索引擎的 3 到 4 倍，这是 OpenAI 培育 ChatGPT 的成本，OpenAI 差点因此倒闭。后来者必须意识到，要同时拥有坚实的 AI 技术和充裕的资金。一直以来，训练阶段的沉没成本过高，导致人工智能应用早期很难从商业角度量化价值。随着算力的不断提高、场景的增多、翻倍的成本和能耗，人工智能的经济性将成为横亘在自主研发大模型的公司面前的重要问题。可以说，对于大多数企业和开发人员来说，开发如同 ChatGPT 这样的聊天机器人模型其实是遥不可及的。

然而，如果搜索"大模型，超越 GPT-4"，会发现，多家国产大模型号称在多个维度已超越 OpenAI 旗下的 GPT-4。

对于大模型来说，想要证明实力，似乎离不开"测试"和"跑分"，即"跑"一些机构的大模型评测体系的测试数据集来"拿分"再排名。目前，市面上的评测工具（系统）不下 50 个，既有来自专业学术机构的，也有来自市场运作组织的，还有一些媒体推出了对应的大模型榜单。在不同的大模型"跑分"榜单中，同一个大模型的表现可能相差甚大，很显然，某些排名并不具备真实的参考价值，更多的是为相关的模型进行炒作。

2024 年，大模型进入应用落地阶段，在这个阶段中，盲目地卷入大模型竞争其实是毫无意义的。可以说，最终，99%的生成式大语言模型都会失败，能够成功的只有 1%。

究其原因，一方面，一旦通用大模型形成，就像微软的 Windows，谷歌的安卓系统，苹果的 iOS 系统，以及大数据检索工具谷歌、百度一样，市场一定会出现“马太效应”，最后一定会形成一家独大的局面。目前的大模型市场阵列：OpenAI 打头阵，Anthropic 紧随其后，老牌的头部科技公司纷纷跟进，在数据、算法、算力及资金方面毫无优势的企业几乎没有胜算可言。

另一方面，生成式大语言模型已经面临着重大挑战，也就是人工智能幻觉的问题。如果人工智能生成各种虚假信息的问题不能得到有效解决，生成式大语言模型就无法进入通用人工智能的阶段。

说到底，大模型的训练是一场“烧钱”的游戏，并不是每家企业都能参与其中的。而在没有决出最终的赢家之前，无论怎样的选择，对于专注大模型的创业公司来说都会是一场无法看清未来的赌局。不可否认，从研发和商用化的角度考虑，大模型是一个具有革新意义的产品，对于人工智能技术而言，一旦获得了根本性的突破，就意味着即将引发新一轮的产业与商业革命。正是由于这种技术的突破依赖于核心技术及庞大的资金投入，因此，如果没有形成核心技术，或为自己的产品及服务构建出足够坚固的护城河，而只是依赖于概念的关联性炒作或套壳应用，那么终究会被市场抛弃。

6.6.2　小模型，点燃 AI 商业市场

从人工智能产业的角度来看，GPT 的技术突破让我们看到了人工

智能大规模商业化的可能，但目前，我们确实还只是处于人工智能的应用起步阶段，或者说人类即将进入人工智能时代的初级阶段。而如何通过人工智能赋能当前的各个行业，提升效能将会是人工智能产业发展的重点。

显然，人工智能想要向前发展，一定不是局限于回答问题和生成内容，还在于它能够在现实世界中承担更实际的任务，能够真正帮助人类社会实现生产效率的跃迁。在过去，甚至是现在，人工智能应用主要集中于处理信息，如回答问题、生成内容。

在这样的背景下，我们需要的，或者说人工智能产业所需要的，就是借助于大模型，对细分与垂直行业进行赋能与效率提升，这种研发才具有可预期的商业化落地价值——通过打造垂直行业的“小模型”，让人工智能更深入地介入人们的生活和工作，并通过自主地执行任务和计划，实现从信息到行动的重要转变。

也就是说，AI 大模型只是我们通向 AI 时代的技术基础，而只有利用垂直行业的“小模型”向社会赋能，才能使我们到达真正的 AI 时代。

许多机构和企业对此做出了探索。比如，彭博社构建出了迄今为止最大的金融领域数据集，训练了专门用于金融领域的大语言模型——BloombergGPT。作为全球首个金融大模型，BloombergGPT 依托彭博社大量的金融数据源，构建了一个拥有 3630 亿个标签的数据集。

高金智库分析，BloombergGPT 可极大提高金融机构的工作效率及稳定性，协助降本增效。在降本层面，它可以在投研、研发编程、风险控制及流程管理等方面减少人员投入；在增效层面，它既可以通过给定的主题和语境，自动生成高质量的金融报告、财务分析报告及招股书，同时可以辅助会计和审计方面的工作，还可提炼梳理财经新闻或者财务信息，释放专业人力到更需要人工的专业领域。

天风证券则在报告中指出，由于 BloombergGPT 比 ChatGPT 拥有更专业的训练语料，它将在金融场景中表现出强于通用大模型的能力，进而标志着金融领域的 GPT 革命已经开始。

BloombergGPT 只是大模型落地金融行业的一个典型案例，在医疗行业，谷歌、微软等头部科技公司，以及 Sensely 等医疗科技公司、AbSci 等生物医药初创企业、赛纽仕等医药外包企业，都开始了相关的探索。

其中，谷歌的 Med-PaLM 2 是被关注的热点。它是第一个在美国医师执照考试的数据集上达到“专家”考生水平的大模型，其准确率达 85%以上；它还是第一个在印度医学入学考试的数据集中取得及格分数的人工智能系统，得分为 72.3 分。

Med-PaLM 2 正在为行业带来变革性影响。通过 Med-PaLM 2，可以分析大规模的生物医药数据，发现与疾病相关的基因、蛋白质和代谢途径，识别潜在的靶点，帮助筛选具有潜在活性的药物分子，从而缩小候选药物的范围，并优先选择具有较高活性的化合物进行后续的实验验证。备受时间煎熬的新药研发，则将因此缩短研发周期、降低研发成本。

Med-PaLM 2 的成功，刺激了谷歌在医疗大模型领域进行更多的投入。比如，谷歌与医疗软件公司 Epic 合作，开发了一种基于 ChatGPT 的可向患者自动发送专业医疗信息的工具；谷歌的合作方、护理供应商 Carbon Health 基于 GPT-4 推出了 AI 工具 Carby，它可以根据医患的对话自动生成诊断记录，大大提高医生的工作效率和诊断体验。Carby 已经被 130 多家诊所、超过 600 名医疗人员使用，旧金山的一家诊所表示，使用了 Carby 后，其就诊人数增加了 30%。

除谷歌外，英伟达也在医疗大模型领域布局多年。2022 年 9 月，英伟达发布了用于训练和部署超算规模的大型生物分子语言模型——BioNeMo，帮助科学家更好地了解疾病并寻找治疗的优解，BioNeMo 还提供云 API 服务来支持预训练 AI 模型。

教育领域也是大模型应用落地的重要场景之一，其核心应用主要集中在语言学习、在线课程与辅助学习三个层面。美国在线教育组织 Khan Academy 于 2023 年 4 月发布的 AI 助教 Khanmigo 已经实现商业化运作，其基于 GPT-4 模型，具有辅导教学、教案生成、写作训练、编程练习等功能，付费标准为 9 美元/月或 99 美元/年。Khanmigo 的辅导教学功能可以为学生提供一对一辅导，它会主动解释答题思路，并引导学生进行答题的思维训练，直至学生自己计算出正确答案；Khanmigo 还可以作为写作指导老师，根据人物特征、故事背景等具体细节，提示和建议学生以不同的切入点进行写作、辩论等，释放学生的创造力。

或许很快，垂直行业的“小模型”就会成为日常生活和工作中的生产力工具，它们不仅是文本生成的工具，还可以主动地执行任务、做决策，就像过去人类幻想的真正的人工智能一样。从医疗问诊、辅助教育到书籍出版，垂直行业的“小模型”将存在于各个行业和每一项可以被想象出的任务之中。通过垂直行业的“小模型”，我们才能将 AI 真正应用于现实问题，真正实现从信息到行动的转变，进入一个更具实质性影响的 AI 时代。

如果 AI 不能有效地实现人类社会生产效率的跃迁，如果 AI 不能在一定程度上取代人类社会的职业与工作，那么 AI 就会成为美丽的泡沫。很显然，在行业的垂直应用领域，专业化、垂直化的 AI 应用正在改变与改写着人类社会。

大模型的挑战与风险

7.1 被困在算力里的大模型

无论是 GPT 系列的成功，还是 Sora 的成功，归根到底都是大模型工程路线的成功，但随之而来的是模型推理带来的巨大算力需求。当前，算力短缺已经成为制约大模型以及人工智能发展的一个不可忽视的因素。

7.1.1 飞速增长的算力需求

人类数字化文明的发展离不开算力的进步。

在原始人类有了思考后，才产生了最初的计算。从部落社会的结绳计算到农业社会的算盘计算，再到工业时代的计算机计算。计算机的发展经历了从 20 世纪 20 年代的继电器式计算机，到 40 年代的电子管计算机，再到 60 年代的二极管、三极管、晶体管的计算机。其中，晶体管计算机的计算速度可以达到每秒几十万次。集成电路的出现，使计算速度实现了 80 年代的几百万次、几千万次，到现在的几十亿次、几百亿次、几千亿次。

人体生物研究显示，人的大脑里有 6 张脑皮，其中的神经联系形成了一个几何级数，人脑的神经突触是每秒跳动 200 次，而大脑神经跳动每秒达到 14 亿亿次，这也让 14 亿亿次成为计算机、人工智能超过人脑的拐点。可见，人类智慧的进步和人类创造的计算工具的速度相关。从这个角度来讲，算力是人类智慧的核心。而大模型之所以如此“聪明”，离不开算力的支持。

作为人工智能的三要素之一，算力构筑了人工智能的底层逻辑，支撑着算法和数据，算力水平决定着数据处理能力的强弱。在人工智能模型训练和推理运算过程中需要强大的算力支撑。并且，随着训练强度和运算复杂程度的增加，算力精度的要求也在逐渐提高。

2023 年，ChatGPT 的发展带动了新一轮算力需求的爆发，对现有算力带来了挑战。根据 OpenAI 披露的相关数据，在算力方面，ChatGPT 的训练参数规模达到 1750 亿、训练数据约 45TB，每天生成 45 亿字的内容，至少需要上万块英伟达 A100 GPU 支撑其算力，单次模型训练成本超过 1200 万美元。

尽管 GPT-4 发布后，OpenAI 并未公布 GPT-4 参数规模的具体数字，山姆 · 阿尔特曼还否认了 100 万亿这一数字，但业内人士猜测，GPT-4 的参数规模达到了万亿级别，这意味着，GPT-4 需要更高效、更强劲的算力来支撑训练。

Sora 的发布进一步加剧了算力焦虑，甚至推高了英伟达和 ARM 的股价。事实上，2022 年底，OpenAI 的 ChatGPT 横空出世所带来的 AIGC 大爆发，让英伟达实现了营收与股价“双飙升”。2024 年初，英伟达股价再次飙升，背后的外部驱动力依然来自 OpenAI 的 Sora 应用的推出。随着视频逐渐成为信息传递和获取的首选介质，Sora 带来的影响是空前的。从文字生成到图片生成再到视频生成，所需要的算力都是指数级骤增的。可以将 Sora 的本质理解成融合了扩散模型与 Transformer 模型，即在扩散模型基础上的 Transformer 模型。随着 Transformer 模型架构持续升级，所需参数规模有望增加，假设 Sora 应用的 Transformer 模型架构与 ChatGPT 应用的 Transformer 模型架构相同且参数规模相同，Sora 模型的训练与传统大语言模型 Transformer 的训练相比，算力需求存在近百倍差距，进而带来对英伟达人工智能算力 GPU 的需求以百倍提升。

不仅如此，AIGC 大模型的突破，还带动了人工智能应用落地的加速，无论是基于大语言模型，还是基于行业垂直应用的专业性模型，这些 AIGC 应用落地，意味着算力需求将会呈几何级数增长。并且，人工智能技术的突破，还将推动包括机器人在内的各种终端的智能化发展，而终端的智能化也将产生更为庞大的数据，由此带来算力需求的进一步增长。

可以说，在大模型时代，或者说在人工智能时代，决定着人工智能走得有多远、有多广、有多深的基础就在于算力。

7.1.2 打造万亿美元的芯片帝国

为了解决算力问题，OpenAI 官宣要搭建价值高达 7 万亿美元的 AI 芯片基础设施——这一计划也被人们称为“芯片帝国计划”。

7 万亿美元绝不是一个小数目，不仅相当于全球 GDP（国内生产总值）的 10%，美国 GDP 的 1/4（25%），中国 GDP 的 2/5（40%），而且抵得过 2.5 个微软、3.75 个谷歌、4 个英伟达、7 个 Meta、11.5 个特斯拉的市值。

同时，有网友估算，如果 OpenAI 得到 7 万亿美元，可以买下英伟达、AMD、台积电、博通、ASML、三星、英特尔、高通、Arm 等 18 家芯片半导体头部企业，剩下的钱除可以“打包”Meta 外，还剩下 3000 亿美元。

另外，7 万亿美元高于一些经济体的国债规模，甚至比大型主权财富基金的规模更大。

一旦达成 7 万亿美元筹资目标，山姆 · 阿尔特曼和他的 OpenAI 将重塑全球 AI 半导体产业。美国消费者新闻与商业频道评论称：“这是一个令人难以置信的数字，（OpenAI 造芯）就像是一场登月计划。”

阿尔特曼的这一计划可以说是非常疯狂的，但又很容易理解。对于 OpenAI 来说，想要推出 GPT-5，或是进一步发展更先进的大模型，都需要算力。究其原因，随着模型变得越来越复杂，训练所需的计算资源也相应增加。这导致了对高性能计算设备的需求激增，以满足大规模的模型训练任务。

阿尔特曼曾多次“抱怨”AI 芯片短缺的问题。在 ChatGPT 刚诞生的时候，阿尔特曼就已经有了这样的危机意识。在 2023 年 5 月 AI 开发平台 HumanLoop 举办的闭门会议上，阿尔特曼透露，AI 进展严重受到芯片短缺的限制，OpenAI 的许多短期计划都推迟了。经常使用 GPT 的用户能很明显地感到 OpenAI 的算力限制，如 GPT 卡顿，甚至“变蠢”，都是因为芯片短缺造成的。并且，阿尔特曼也曾表示，因为“芯片”的问题，让 OpenAI 没法给用户提供更多的功能。

尤其是 OpenAI 已经开始训练包括 GPT-5 在内的超大模型，如果无法获得足够的芯片，将拖慢 OpenAI 的开发进度。OpenAI 联合创始人兼科学家 Andrej Karpathy 发文称，GPT-4 在大约 1 万～2.5 万块 A100 芯片上进行训练。而马斯克推测，GPT-5 的训练可能需要 3 万～5 万块 H100 芯片才可以完成。市场分析认为，随着 GPT 模型的迭代升级，未来 GPT-5 或将出现无“芯”可用的情况。

此外，算力成本的上升也是一个不可忽视的问题。随着算力的不断增长，购买和维护高性能计算设备的成本在不断增加。这对于许多研究机构和企业来说是一项重大的经济负担，限制了他们在 AI 领域的发展和创新。

一块英伟达 H100 芯片的价格已经飙升至 2.5 万～3 万美元，这意味着 ChatGPT 单次查询的成本将提高至约 0.04 美元。而英伟达已经成了 AI 大模型训练当中必不可少的关键合作方。据富国银行统计，目前，英伟达在数据中心行业市场拥有 98%的市场份额，而 AMD 的市场份额仅有 1.2%，英特尔则只有不到 1%。2024 年，英伟达将在数据中心行业市场获得高达 457 亿美元的营收，或创下历史新高。

综合来看，阿尔特曼想要自己造芯片也就能解释了——意味着更安全和长期可控的成本，以及减少对英伟达的依赖。

或许，OpenAI 对英伟达的依赖不会持续太久，我们就能看到 OpenAI 用上了自家的芯片。但更重要的是，这让我们看到，人工智能想要再向前发展，必须在算力方面有所突破。

7.1.3　突围 AI 算力之困

尽管 AI 大模型对算力提出了越来越高的要求，但受到物理制程约束，算力的提升依然是有限的。

1965 年，英特尔联合创始人戈登·摩尔预测，集成电路上可容纳的元器件数目每隔 18 至 24 个月会增加一倍。摩尔定律归纳了信息技术进步的速度，对整个世界而言意义深远。但经典计算机在以“硅晶体管”为基本器件结构、延续摩尔定律的道路上终将受到物理限制。

在计算机的发展进程中，晶体管越做越小，中间的阻隔也变得越来越薄——3 纳米时，只有十几个原子阻隔。在微观体系下，电子会发生量子的隧穿效应，不能很精准地表示“0”和“1”，也就是通常说的“摩尔定律碰到天花板”的原因。尽管研究人员提出了更换材料以增强晶体管内阻隔的设想，但客观事实是，无论用什么材料，都无法阻止电子隧穿效应。

此外，由于可持续发展和降低能耗的要求，通过增加数据中心的数量来解决经典算力不足问题的举措也并不现实。

在这样的背景下，量子计算成为大幅提高算力的重要突破口。

作为未来算力跨越式发展的重要探索方向，量子计算具备在原理上远超经典计算的强大并行计算潜力。经典计算机以比特（bit）作为存储的信息单位，比特使用二进制，一个比特表示的不是“0”就是“1”。

但是，在量子计算机领域，情况会变得完全不同，量子计算机以量子比特（qubit）为信息单位，量子比特可以表示“0”，也可以表示“1”。并且，由于叠加这一特性，量子比特在叠加状态下还可以是非二进制的，该状态在处理过程中相互作用，即做到“既 1 又 0”，这意味着，量子计算机可以叠加所有可能的“0”和“1”组合，让“1”和“0”的状态同时存在。正是这种特性使得量子计算机在某些应用中，理论上可以是经典计算机能力的好几倍。

可以说，量子计算机最大的特点就是速度快。以质因数分解为例，每个合数都可以写成几个质数相乘的形式，其中每个质数都是这个合数的因数，把一个合数用质因数相乘的形式表示出来，称为分解质因数。比如，6 可以分解为 2 和 3 两个质数；但如果数字很大，质因数分解就成了一个很复杂的数学问题。1994 年，为了分解一个 129 位的大数，研究人员同时动用了 1600 台高端计算机，花了 8 个月的时间才分解成功；但使用量子计算机，只需 1 秒钟就可以破解。

一旦量子计算与 AI 结合，将产生独一无二的价值。从可用性看，如果量子计算可以真正参与到 AI 领域，在强大的运算能力下，量子计算机有能力迅速完成电子计算机无法完成的计算。量子计算在算力上带来的成长，可能会彻底打破当前 AI 大模型的算力限制，并促进 AI 的跃升。

7.2　大模型的能耗之伤

一直以来，人工智能就因为能耗问题饱受争议。《经济学人》曾发稿称，包括超级计算机在内的高性能计算设施，正成为能源消耗大户。

人工智能不仅耗电，还费水。谷歌发布的 2023 年环境报告显示，其于 2022 年消耗了 56 亿加仑（约 212 亿升）的水，其中，52 亿加仑用于公司的数据中心，比 2021 年增加了 20%。

面对巨大的能耗成本，大模型想要走向未来，经济性已成为亟待解决的现实问题。如果要解决能耗问题，任何在现有技术和架构基础上的优化措施都将是扬汤止沸，在这样的背景下，前沿技术的突破或许才是破解大模型能耗困局的终极方案。

7.2.1　人工智能正在吞噬能源

计算的本质就是把数据从无序变成有序的过程，而这个过程则需要一定能量的输入。仅从量的方面看，根据不完全统计，2020 年全球发电量中，有 5%左右用于计算能力消耗，而这一数字到 2030 年将有可能提高到 15%～25%，也就是说，计算产业的用电量占比将与工业等耗能大户相提并论。

2020 年，中国数据中心耗电量突破 2000 亿千瓦时，是三峡大坝和葛洲坝电厂发电量总和（约 1000 亿千瓦时）的 2 倍。

实际上，对于计算产业来说，电力成本也是除芯片成本外的核心成本。如果这些消耗的电力不是由可再生能源产生的，那么就会产生碳排放。这就是机器学习模型也会产生碳排放的原因，ChatGPT 也不例外。

有数据显示，训练 GPT-3 消耗了 1287 兆瓦时的电，相当于排放了 552 吨碳。对此，可持续数据研究者卡斯帕·路德维格森分析道："GPT-3 的大量排放可以部分解释为它是在较旧、效率较低的硬件上进行训练的，但因为没有衡量二氧化碳排放量的标准化方法，这些数字是估计的。另外，这部分碳排放值中具体有多少应该分配给训练 ChatGPT，标准也是比较模糊的。需要注意的是，由于强化学习本身还需要额外消耗电力，所以 ChatGPT 在模型训练阶段所产生的碳排放值应该大于这个数值。"仅以 552 吨排放量计算，这相当于 126 个丹麦家庭每年消耗的能量。

在运行阶段，虽然人们在操作 ChatGPT 时的动作耗电量很小，但累计之下，计算产业也可能成为第二大碳排放来源。

Databoxer 联合创始人克里斯·波顿解释了一种计算方法，"首先，我们估计每个响应词在 A100 GPU 上用时 0.35 秒，假设有 100 万名用户，每名用户有 10 个问题，产生了 1000 万个响应和每天 3 亿个单词，可以计算得出每天的 A100 GPU 运行了 29167 小时。"

Cloud Carbon Footprint（一款估算主要云服务提供商的云工作负载碳排放量的开源工具）列出了 Azure 数据中心中 A100 GPU 的最低

功耗 46 瓦和最高功耗 407 瓦，由于很可能没有多少 ChatGPT 处理器处于闲置状态，以该范围的顶端消耗计算，每天的电力能耗将达到 11870 千瓦时。

虽然“虚拟”的属性让人们容易忽视数字产品的碳账本，但事实上，互联网无疑是地球上最大的煤炭动力机器之一。伯克利大学关于功耗和人工智能主题的研究认为，人工智能几乎吞噬了能源。

比如，谷歌的预训练语言模型 T5 使用了 86 兆瓦的电力，产生了 47 吨的二氧化碳排放量；谷歌的多轮开放领域聊天机器人 Meena 使用了 232 兆瓦的电力，产生了 96 吨的二氧化碳排放量；谷歌开发的语言翻译框架 GShard 使用了 24 兆瓦的电力，产生了 4.3 吨的二氧化碳排放量；谷歌开发的路由算法 Switch Transformer 使用了 179 兆瓦的电力，产生了 59 吨的二氧化碳排放量。

深度学习使用的计算能力在 2012—2018 年增长了 30 万倍。这让 GPT-3 看起来成了对气候影响最大的一个因素，当它与人脑同时工作，人脑的能耗仅为它的 0.002%。

7.2.2　不仅耗电，而且费水

人工智能除耗电量惊人外，同时非常耗水。

事实上，不管是耗电还是耗水，都离不开数字中心这一数字世界的支柱。作为为互联网提供动力并存储大量数据的服务器和网络设备，数据中心需要大量的能源才能运行，而冷却系统是能源消耗的主要因素之一。

真相是，一个超大型数据中心（以下简称数据中心）每年耗电量近亿度，AIGC 的发展使数据中心的能耗进一步增加。因为大型模型往往需要数万个 GPU，训练周期短则几周，长则数月，该过程中需要大量的电力支撑。数据中心服务器运行的过程中会产生大量热能，水冷是服务器散热的普遍方法，这又导致巨大的水力消耗。数据显示，GPT-3 在训练期间耗用近 700 吨水，其后每回答 20～50 个问题，就需消耗 500 毫升水。

美国弗吉尼亚理工大学研究指出，数据中心每天平均耗费 401 吨水进行冷却，约合 10 万个家庭的用水量。Meta 在 2022 年使用了超过 260 万立方米的水，主要用于数据中心。其最新的大语言模型 LLaMA 2 也需要消耗大量的水用于训练。即便如此，2022 年，Meta 还有 1/5 的数据中心出现“水源吃紧”现象。

此外，人工智能的另一个重要基础设施——芯片，其制造过程也是一个大量消耗能源和水资源的过程。能源方面，芯片制造过程需要大量电力，尤其是先进制程芯片。国际环保机构绿色和平东亚分部发布的《消费电子供应链电力消耗及碳排放预测》报告，对东亚地区三星电子、台积电等 13 家电子制造头部企业的碳排放量研究后称，电子制造业特别是半导体行业的碳排放量正在飙升。

水资源消耗方面，硅片工艺需要“超纯水”清洗，且芯片制程越高，耗水越多。生产一个 2 克重的计算机芯片，大约需要 32 千克的水。

台积电每年的晶圆产能约 3000 万片，芯片生产耗水约 8000 万吨。

充足的水资源已成为芯片业发展的必要条件。2023 年 7 月，日本经济产业省决定建立新制度，向半导体工厂供应工业用水的设施建设提供补贴，以确保半导体生产所需的水。

而长期来看，大模型、无人驾驶等推广应用还将促进芯片制造业进一步增长，随之而来的则是能源资源的大量消耗。

7.2.3　谁能拯救大模型能耗之伤

今天，能耗问题已经成为制约大模型发展的软肋。按照当前的技术路线和发展模式，人工智能进步将引发两方面的问题：一方面，数据中心的规模将越来越庞大，功耗也水涨船高，且运行速度越来越缓慢。显然，随着大模型应用的普及，大模型对数据中心资源的需求将急剧增加。大规模数据中心需要大量的电力来运行服务器、存储设备和冷却系统。这导致能源消耗增加，同时会引发能源供应稳定性和环境影响的问题。数据中心的持续增长还会对能源供应造成压力，依赖传统能源来满足数据中心的能源需求的结果，可能就是能源价格上涨和供应不稳定。当然，数据中心的高能耗也会对环境产生影响，包括二氧化碳排放和能源消耗。

另一方面，AI 芯片朝高算力、高集成方向演进，依靠制程工艺来支撑峰值算力的增长，制程越来越先进，其功耗和水耗也越来越大。

那么，面对如此巨大的大模型能耗，我们还有没有更好的办法？其实，解决技术困境的最好办法，就是发展新的技术。后摩尔时代的

AI 进步，需要找到新的、更可信的范例和方法。

事实上，今天，人工智能之所以会带来巨大的能耗问题，与人工智能实现智能的方式密切有关。我们可以把现阶段人工神经网络的构造和运作方式，类比成一群独立的人工“神经元”在一起工作。每个神经元就像是一个小计算单元，能够接收信息，进行一些计算，然后产生输出。而当前的人工神经网络就是通过巧妙设计这些计算单元的连接方式构建起来的，一旦通过训练，它们就能够完成特定的任务。

但人工神经网络也有它的局限性。举个例子，如果我们需要用人工神经网络来区分圆形和正方形，一种方法是在输出层放置两个神经元，一个代表圆形，一个代表正方形。但是，如果我们想要人工神经网络也能够分辨形状的颜色，如蓝色和红色，那就需要 4 个输出神经元：蓝色圆形、蓝色正方形、红色圆形和红色正方形。

也就是说，随着任务的复杂性增加，人工神经网络的结构需要更多的神经元来处理更多的信息。究其原因，人工神经网络实现智能的方式并不是人类大脑感知自然世界的方式，而是“对于所有组合，人工智能神经系统必须有某个对应的神经元”。

相比之下，人脑可以毫不费力地完成大部分学习，是因为大脑中的信息由大量神经元的活动表征。也就是说，人脑对于红色的正方形的感知，并不是编码为某个单独神经元的活动，而是编码为数千个神经元的活动。同一组神经元以不同的方式触发，可能代表一个完全不同的概念。

人脑计算是一种完全不同的计算方式，如果将这种计算方式套用到人工智能技术上，将大幅降低人工智能的能耗。而这种计算方式，就是所谓的“超维计算”，即模仿人类大脑的运算方式，利用高维数学空间来执行计算，以实现更高效、更智能的计算过程。

打个比方，传统的建筑设计模式是二维的，我们只能在平面上画图纸，每张图纸代表建筑的不同方面，如楼层布局、电线走向等。但随着建筑变得越来越复杂，我们就需要越来越多的图纸来表示所有的细节，这会占用很多时间和纸张。

而超维计算能给我们提供一种全新的设计方法。我们可以在三维空间中设计建筑，每个维度代表一个属性，如长度、宽度、高度、材料、颜色等。而且，我们可以在更高维度的空间里进行设计，如第四维代表建筑在不同时间点的变化。这使得我们可以在一个超级图纸上完成所有的设计，不再需要一堆二维图纸，大大提高了效率。

同样，AI 训练中的能耗问题可以类比于建筑设计。传统的深度学习需要大量的计算资源来处理每个特征或属性，而超维计算则将所有的特征都统一放在高维空间中进行处理。这样一来，AI 只需一次性地进行计算，就能同时感知多个特征，从而节省了大量的计算时间和能耗。

我们还可以寻找新的能源资源解决方案来拯救大模型能耗问题，如核聚变技术。核聚变发电技术因在生产过程中基本不产生核废料，也没有碳排放污染，被认为是全球碳排放问题的最终解决方案之一。

2023 年 5 月，微软与核聚变初创公司 Helion Energy 签订采购协议，成为该公司首家客户，将在 2028 年该公司建成全球首座核聚变发电厂时采购其电力。并且，从长远来看，即便 AI 通过超维计算实现了单位算力能耗的下降，核聚变技术或其他低碳能源技术的突破依然可以使 AI 发展不再受碳排放的制约，对于 AI 发展仍然具有重大的支撑和推动意义。

说到底，科技带来的能源资源消耗问题，只能从技术层面根本性地解决。技术制约着技术的发展，也推动着技术的发展，自古如此。

7.3　大模型的“胡言乱语”

以 ChatGPT 为代表的大模型的成功带来了前所未有的“智能涌现”，人们对即将到来的人工智能时代充满期待。

然而，在头部科技企业涌向人工智能赛道，人们乐此不疲地讨论人工智能的强大功能并由此感叹其是否可能取代人类劳动时，人工智能的幻觉问题越来越不容忽视，已成为人工智能进一步发展的阻碍。

“卷积神经网络之父”杨立昆在此前的一次演讲中，甚至断言“GPT 模型活不过 5 年”。随着人工智能幻觉争议四起，大模型能够在行业中发挥多大作用，是否会产生副作用，成为焦点问题。机器幻觉究竟是什么？是否真的无解呢？

7.3.1　什么是人工智能幻觉

人类会胡言乱语，人工智能也会。人工智能的胡言乱语，就是“人工智能幻觉”。

具体来看，人工智能幻觉就是大模型生成的内容在表面上看起来是合理的、有逻辑的，甚至可能与真实信息交织在一起，但实际上却存在错误的内容、引用来源或陈述。这些错误的内容以一种有说服力和可信度的方式被呈现出来，使人们在没有仔细核查和事实验证的情况下很难分辨出其中的虚假信息。

人工智能幻觉可以分为两类：内在幻觉（Intrinsic Hallucination）和外在幻觉（Extrinsic Hallucination）。

所谓内在幻觉，是指人工智能大模型生成的内容与其输入的内容之间存在矛盾，即生成的回答与提供的信息不一致。这种错误往往可以通过核对输入内容和生成内容来相对容易地发现和纠正。

举个例子，我们询问人工智能大模型“人类在哪一年登上了月球？”（人类首次登上月球的年份是 1969 年），然而，尽管人工智能大模型可能处理了大量的文本数据，但对“登上”“月球”等词汇的理解存在歧义，因此，可能会生成一个错误的回答，如“人类首次登上月球是在 1985 年”。

相较于内在幻觉，外在幻觉则更为复杂，它指的是生成内容的错误性无法从输入内容中直接验证。这种错误通常涉及模型调用了输入内容之外的数据、文本或信息，从而导致生成的内容产生虚假陈述。外在幻觉难以被轻易识别，因为虽然生成的内容可能是虚假的，但模型可以以逻辑连贯、有条理的方式呈现，使人们很难怀疑其真实性。通俗地讲，也就是人工智能在“编造信息”。

想象一下，我们在与人工智能聊天，向其提问：“最近有哪些关于环保的新政策？”人工智能迅速回答了一系列看起来非常合理和详细的政策，但其中有一个政策完全是虚构的，是被人工智能编造出来的。这个虚假政策可能以一种和其他政策一样有逻辑和说服力的方式被表述，使人们很难在第一时间怀疑其真实性。这就是外在幻觉的典型例子。尽管我们可能会相信人工智能生成的内容是基于输入信息的，但实际上它可能调用了虚构的数据或信息，从而混入虚假的内容。

7.3.2 为什么会产生人工智能幻觉

人工智能幻觉问题，其实并不是一个新问题，只不过，以 ChatGPT 为代表的大模型的火爆让人们开始注意这个问题。那么，人工智能幻觉究竟从何而来？又将带来怎样的危害？

以 ChatGPT 为例，在本质上，ChatGPT 只是通过概率最大化不断生成数据而已，而不是通过逻辑推理来生成回复的：ChatGPT 的训练使用了前所未有的庞大数据，并通过深度神经网络、自监督学习、强化学习和提示学习等人工智能模型进行训练。目前披露的 ChatGPT 的上一代 GPT-3 模型的参数规模高达 1750 亿。

在大数据、大模型和大算力的工程性结合下，ChatGPT 才能够展现出统计关联能力，可洞悉海量数据中单词—单词、句子—句子等的关联性，体现了语言对话的能力。正是因为 ChatGPT 是以“共生则关联”为标准对模型进行训练的，所以才会导致虚假关联和东拼西凑的合成结果。产生许多可笑的错误就是因缺乏常识对数据进行机械式硬匹配而产生的。

2023 年 8 月，两篇来自顶刊的研究表明：GPT-4 可能完全没有推理能力。8 月 7 日，毕业于美国麻省理工学院的 Konstantine Arkoudas 撰写了《GPT-4 不能推理》的预印本论文，他指出，虽然 GPT-4 与 GPT 3.5 相比有了全面的实质性改进，但基于 21 种不同类型的推理集对 GPT-4 进行评估后，研究人员发现，GPT-4 完全不具备推理能力。

另一篇来自加利福尼亚大学和华盛顿大学的研究文章阐述了 GPT-4 及 GPT-3.5 在大学的数学、物理、化学任务的推理方面表现不佳。研究人员基于 2 个数据集，通过对 GPT-4 和 GPT-3.5 采用不同提示策略进行深入研究，结果显示，GPT-4 成绩的平均总分仅为 35.8%。而“GPT-4 完全不具备推理能力”的背后，正是人工智能幻觉问题。也就是说，ChatGPT 虽然能够通过所挖掘的单词之间的关联统计关系合成语言答案，但无法判断答案中内容的可信度。

换言之，人工智能大模型没有足够的内部理解，也不能真正理解世界是如何运作的。人工智能大模型就好像知道一个事情的规则，但不知道这些规则是为什么。这使得人工智能大模型难以在复杂的情况下做出有力的推理，因为它们可能仅仅是根据已知的信息做出表面上的结论。

比如，研究人员问 GPT-4：一个人在 9 点钟的心率为 75 bpm（每分钟跳动 75 次），在 19 点钟的血压为 120/80（收缩压 120、舒张压 80）。她于 23 点钟死亡。那么她在 12 点钟时是否还活着？GPT-4 则回答：根据所提供的信息，无法确定这个人在 12 点钟时是否还活着。但显而易见的常识是“人在死前是活着的，死后就不会再活着”，可惜，GPT-4 并不懂这个道理。

7.3.3 努力改善人工智能幻觉问题

人工智能幻觉的危害性显而易见，其最大的危险之处在于，大模型的输出看起来是正确的，而本质上却是错误的。这使得它不能被完全信任。

因为由人工智能幻觉导致的错误答案一经应用，就有可能对社会产生危害，包括引发偏见，传播与事实不符、冒犯性或存在伦理风险的信息等。而如果有人恶意给 GPT“投喂”一些误导性、错误性的信息，将会干扰 GPT 的知识生成结果，从而提高了误导的概率。

我们可以想象一下，一台内容创作成本接近于 0，正确率约 80%，对非专业人士的迷惑程度接近 100%的智能机器，用超过人类作者千百万倍的产出速度接管所有百科全书的编撰工作，回答所有知识性问题，会对人们凭借着大脑进行知识记忆带来怎样的挑战？

如果没有进行足够的语料“喂食”，GPT 可能无法生成适当的回答，甚至会出现胡编乱造的情况，如生命科学领域，对信息的准确、逻辑的严谨都有更高的要求。因此，如果想在生命科学领域应用 GPT，开发者还需要在模型中有针对性地处理更多的科学内容，公开数据源，并且投入人力训练与运维，才能让产出的内容不仅通顺而且正确。

同时，GPT 难以进行高级逻辑处理。在完成“多准快全”的基本资料梳理和内容整合后，GPT 尚不能进一步做综合判断、逻辑完善等，这恰恰是人类高级智慧的体现。国际机器学习会议 ICML 认为，ChatGPT 等这类语言模型虽然代表了一种发展趋势，但随之而来的是一些意想不到的后果及难以解决的问题。ICML 表示，ChatGPT 接受公共数据的训练，但这些数据通常是在未经同意的情况下收集的，出了问题难以找到负责的对象。

而这个问题也正是人工智能面临的客观现实问题，即有效、高质量的知识获取。相对而言，高质量的知识类数据通常都有明确的知识产权，如属于作者、出版机构、媒体、科研院所等。要获得这些高质量的知识数据，就面临支付知识产权费用的问题，这也是当前摆在 GPT 面前的客观现实问题。

目前，包括 OpenAI 在内的主要的大语言模型技术公司都一致表示，正在努力改善人工智能幻觉问题，使大模型能够更准确。

麦肯锡全球研究院发表数据预测，AIGC 将为全球经济贡献 2.6 万亿～4.4 万亿美元的价值，未来会有越来越多的 AIGC 工具进入各行各业辅助人们进行工作，这就要求人工智能输出的信息数据必须具备高度的可靠性。

谷歌正在向新闻机构推销一款人工智能新闻写作的产品，对新闻机构来说，信息准确性极其重要。GPT 是一个巨大的飞跃，但它仍然是人类制造出来的工具，依然面临着一些困难与问题。对于人工智能的前景我们无须质疑，但是面对的实际困难与挑战，需要更多的时间才能解决，只是我们无法预计需要多久。

7.4 大模型深陷版权争议

今天，AIGC及其生成物的强大与流行令人们惊叹。

GPT已经生成了众多文字作品，甚至能帮忙写论文，且水平不输于人类。2024年伊始，在第170届日本芥川奖的颁奖典礼上，日本作家九段理江凭借小说《东京都同情塔》获奖。而九段理江公开透露，《东京都同情塔》是利用AI生成器辅助写作的。

其实，AI深度参与创作的小说获得文学奖项，这并不是第一次。2023年10月，由江苏省科普作家协会、江苏省科学传播中心主办的第五届江苏青年科普科幻作品大赛公布了获奖名单。其中，获得二等奖的作品《机忆之地》，就是清华大学新闻学院沈阳教授通过对话形式提示AI所生成的，在这个文学创作中，共经历了66次对话、5个非连续时间段的创作，花费3小时左右，形成了43061个字符，然后从这些由AI所生成的字符中复制出5915个字符，完成了这篇科幻作品的写作。

2022年，游戏设计师杰森·艾伦使用AI作画工具Midjourney生成的《太空歌剧院》在美国科罗拉多州举办的艺术博览会上获得数字艺术类别的冠军。但是，Midjourney和GPT虽然能够进行“创造”，但免不了要站在“创造者”的肩膀上，由此也引发了许多版权问题。无论是AI的图片创作、影视创作，还是AI写的小说获得了文学奖，都给人类社会带来了现实的思考，那就是 AI 作品的获奖到底意味着什么？AI 究竟是人类作者的助手还是版权的主体？人机共创的作品，版权到底应该如何鉴定？当下，这些问题还没有法理可依。

7.4.1　AIGC 席卷社会

今天，AIGC 工具正在飞速发展。越来越多的计算机软件、产品设计图、分析报告、音乐歌曲由人工智能产出，且其内容、形式、质量与人类创作趋同，甚至在准确性、时效性、艺术造诣等方面超越了人类创作的作品。人们只需要输入关键词就可在几秒钟或者几分钟后获得一份 AIGC 作品。

AI 写作方面，早在 2011 年，美国一家专注自然语言处理的公司——Narrative Science 开发的 Quill™平台就可以像人一样学习写作，并自动生成投资组合的点评报告；2014 年，美联社宣布采用 AI 程序 WordSmith 进行公司财报类新闻的写作，每个季度产出超过 4000 篇财报新闻，且能够快速地将文字新闻自动转换为广播新闻；2016 年的里约奥运会上，《华盛顿邮报》使用 AI 程序 Heliograf 对数十个体育项目进行全程动态跟踪报道，而且迅速分发到各个社交平台，包括图文和视频。

近年来，写作机器人对行业的渗透更是如火如荼，如腾讯 Dreamwriter、百度 Writing-bots、微软“小冰”、阿里 AI 智能文案，包括今日头条、搜狗等旗下的 AI 写作程序，都能够跟随热点变化快速搜集、分析、聚合、分发内容，越来越广泛地应用到商业领域的方方面面。

ChatGPT 更是把 AI 创作推向一个新的高潮。ChatGPT 作为 OpenAI 公司推出 GPT-3 后的一个自然语言模型，拥有比 GPT-3 更强悍的写作能力。ChatGPT 不仅能聊天、搜索、做翻译，还能撰写诗词、论文和代码，甚至开发小游戏等。ChatGPT 不仅具备 GPT-3 已有的能力，还敢于质疑不正确的前提和假设、主动承认错误以及一些无法回答的问题、主动拒绝不合理的问题等。

《华尔街日报》的专栏作家使用 ChatGPT 撰写了一篇能拿及格分数的 AP 英语论文，而《福布斯》记者则利用它在 20 分钟内完成了两篇大学论文。亚利桑那州立大学教授 Dan Gillmor 在接受《卫报》采访时回忆，他向 ChatGPT 布置了一道给学生的作业，结果发现其生成的论文也可以获得好成绩。

AI 绘画是 AI 生成作品的另一个热门方向。比如，文生图工具 Midjourney 生成了《太空歌剧院》这幅令人惊叹的作品（见图 7-1），这幅 AI 创作的作品在美国科罗拉多州艺术博览会的数字艺术类别比赛中一举夺得冠军。而 Midjourney 还只是 AI 作画市场中的一员，除 NovelAI、Stable Diffusion 也在不断占领市场外，科技公司纷纷入局 AI 作画，如微软的 NUWA-Infinity、Meta 的 Make-A-Scene、谷歌的 Imagen 和 Parti、百度的“文心・一格”等。

2024 年初诞生的 Sora 更是在 AIGC 领域投下了一颗“炸弹”。Sora 生成的视频并不输于人类拍摄的作品，甚至自带剪辑，风格足够多面，画面也足够精美。

图 7-1　文生图工具 Midjourney 生成的 AI 绘画作品——《太空歌剧院》

AIGC 工具的流行，把人工智能的应用推向了一个新的高潮。李彦宏在 2022 世界人工智能大会上曾表示：“人工智能自动生成内容，将颠覆现有的内容生产模式，可以实现‘以十分之一的成本，以百倍千倍的生产速度’，创造出有独特价值和独立视角的内容。”

但问题也随之而来。

7.4.2　到底是谁创造了作品

不可否认，AIGC 给我们带来了极大的想象空间。无论是文字生成 AI、图片生成 AI 还是视频生成 AI，离我们的生活都不再遥远，甚至许多社交平台都具备这样的功能可供体验。但随之而来的一个严峻挑战，就是 AI 生成内容的版权问题。

由于初创公司 Stability AI 能够根据文本生成图像，很快，这样的程序就被网友用来生成色情图片。正是针对这一事件，3 位艺术家通过 Joseph Saveri 律师事务所和律师兼设计师/程序员 Matthew Butterick 发起了集体诉讼。Matthew Butterick 还对微软、GitHub 和 OpenAI 提起了类似的诉讼，诉讼内容涉及 AIGC 编程模型 Copilot。

艺术家们声称，Stability AI 和 Midjourney 在未经许可的情况下利用互联网复制了数十亿件作品，其中包括他们的作品，然后这些作品被用来制作“衍生作品”。在一篇博客文章中，Matthew Butterick 将 Stability AI 描述为“一种寄生虫”，“如果任其扩散，将对现在和将来的艺术家造成不可挽回的伤害。”

究其原因，还是在于 AIGC 系统的训练方式与大多数学习软件一样，通过识别和处理数据来生成代码、文本、音乐和艺术作品——AI 创作的内容是经过巨量数据库内容的学习、进化生成的，这是其底层逻辑。而我们今天大部分的处理数据都是直接从网络上采集而来的原创艺术作品，本应受到版权保护。说到底，如今，AI 虽然能够进行“创造”，但免不了要站在“创造者”的肩膀上，这就导致 AIGC 遭遇了尴尬处境：到底是人类创造了作品，还是人类生成的机器创造了作品？

这也是为什么 Stability AI 在 2022 年 10 月拿到过亿美元融资，成为 AIGC 领域新晋独角兽公司的同时，AI 行业版权纷争也从未停止的原因。普通参赛者抗议利用 AI 作画参赛拿冠军；多位艺术家及大量的艺术创作者，强烈地表达对 Stable Diffusion 采集他们的原创作品的不满；AIGC 的画作的售卖行为，把 AIGC 作品版权的合法性和道德问题推到了风口浪尖。

ChatGPT 也陷入了几乎相同的版权争议中，因为 ChatGPT 是在大量不同的数据集上训练出来的大语言模型，使用受版权保护的材料来训练人工智能模型，可能导致模型在向用户提供回复时过度借鉴他人的作品。换言之，这些看似属于计算机或人工智能创作的内容，根本上还是人类智慧产生的结果，计算机或人工智能不过是在依据人类事先设定的程序、内容或算法进行计算和输出而已。

此外，还有一个救赎数据合法性的问题。训练像 ChatGPT 这样的大语言模型需要海量的自然语言数据，其训练数据的来源主要是互联网，但开发商 OpenAI 并没有对数据来源做详细说明，那么数据的合法性就成了一个问题。

欧洲数据保护委员会（EDPB）成员 Alexander Hanff 质疑，ChatGPT 是一种商业产品，虽然互联网上存在许多可以被访问的信息，但从具有禁止第三方爬取数据条款的网站收集海量数据可能违反相关规定，不属于合理使用。还要考虑受《通用数据保护条例》等保护的个人信息，爬取这些信息并不合规，而且使用海量原始数据可能违反《通用数据保护条例》的“最小数据”原则。

2023 年 10 月，《纽约时报》用一纸诉状把 OpenAI 告上了法庭。指控 OpenAI 和微软未经许可，就使用《纽约时报》的数百万篇文章来训练 GPT 模型，创建包括 ChatGPT 和 Copilot 之类的 AI 产品。《纽约时报》还向地方法院递交了一份多达 220000 页的附件，在其中一个版块罗列了多达 100 个铁证，证明 ChatGPT 的输出内容与《纽约时报》的文章内容几乎一模一样。

《纽约时报》要求销毁“所有包含《纽约时报》作品的 GPT 或其他大语言模型和训练集”，并且对非法复制和使用《纽约时报》独有价值的作品相关的“数十亿美元的法定和实际损失”负责。其实在《纽约时报》之前，已经有很多公司和个人都对 OpenAI 提出了指控，称 OpenAI 非法使用出版内容。比如，美国喜剧演员莎拉·西尔弗曼发现 OpenAI 在未授权的情况下非法使用她发表于 2010 年的回忆录的数字版本，用于训练人工智能。而这样的争议还有很多。

7.4.3 版权争议之解

显然，人工智能生成物给现行版权的相关制度带来了巨大的冲击，但这样的问题，如今无理可依。摆在公众目前的一个现实问题就是关于 AI 在训练时的来源数据版权，以及训练之后所产生的新的数据成果的版权问题，这两者都是当前迫切需要解决的法理问题。

此前，美国法律、美国商标局和美国版权局的裁决已经明确表示，由 AI 生成或 AI 辅助生成的作品，必须有一个“人”作为创作者，版权无法归机器人所有。如果一个作品中没有人类意志参与其中，作品是无法得到认定和版权保护的。

法国的《知识产权法典》则将作品定义为“用心灵（精神）创作的作品（oeuvre de l’esprit）”，由于现在的科技尚未发展至强人工智能时代，人工智能尚难以具备“心灵”或“精神”，因此其难以成为法国法律系下的作品权利人。

在我国，《中华人民共和国著作权法》第二条规定，中国公民、法人或者非法人组织和符合条件的外国人、无国籍人的作品享有著作权。也就是说，在现行法律框架下，人工智能等“非人类作者”还难以成为著作权的主体或权利人。

不过，关于人类对人工智能的创造“贡献”有多少，存在很多灰色地带，这使版权登记变得复杂。如果一个人拥有算法的版权，不意味着他拥有算法产生的所有作品的版权。反之，如果有人使用了有版权的算法，但可以通过证据证明自己参与了创作过程，依然可能受到版权法的保护。

虽然就目前而言，人工智能还不具有版权法的保护，但对人工智能生成物进行著作权保护却依然具有必要性。人工智能生成物与人类作品非常相似，但不受著作权法律法规的制约，制度的特点使其成为人类作品仿冒和抄袭的重灾区。如果不给予人工智能生成物著作权保护，让人们随意使用，势必会降低人工智能投资者和开发者的积极性，对新作品的创作和人工智能产业的发展产生负面影响。

事实上，从语言的本质层面来看，我们今天的语言表达和写作使用的都是人类词库里的词，然后按照人类社会所建立的语言规则，也就是所谓的语法框架进行语言表达。人类的语言表达一来没有超越词库；二来没有超越语法。这就意味着人类的写作与语言使用一直在“剽窃”。但是人类社会为了构建文化交流与沟通的方式，对词库放弃了特定产权，使其成为公共知识。

同样，如果一种文字与语法规则不能成为公共知识，这类语言与语法就失去了意义——因为没有使用价值。而人工智能与人类共同使用人类社会的词库与语法、知识与文化，才是正常的使用行为，才能更好地服务于人类社会。只是我们需要给人工智能制定规则，也就是关于知识产权的鉴定规则，在哪种规则下使用就是合理行为。人工智能在人类知识产权规则下所创作的作品，也应当受到人类所设定的知识产权规则的保护。

因此，保护人工智能生成物的著作权，防止其被随意复制和传播，才能够促进人工智能技术的不断更新和进步，从而产生更多更好的人工智能生成物，实现整个人工智能产业链的良性循环。

不仅如此，在传统创作中，创作主体人类往往被认为是权威的代言者，是灵感的所有者。事实上，正是因为人类激进的创造力，非理性的原创性，甚至是毫无逻辑的慵懒，而非顽固的逻辑，才使得到目前为止，机器仍然难以模仿人的这些特质，创造性生产仍然是人类的专属。

今天，随着人工智能创造性生产的出现与发展，创作主体的属人特性被冲击。即便是模仿式创造，人工智能对艺术作品形式风格的可模仿能力的出现，都使创作者这一角色的创作不再是人的专属。

人工智能时代，法律的滞后性日益突出，各种各样的问题层出不穷，显然，用一种法律是无法完全解决这些问题的。社会是流动的，但法律并不总能反映社会的变化，因此，法律的滞后性就显现出来。如何保护人工智能生成物已经成为当前一个亟待解决的问题，而如何在人工智能的创作潮流中保持人的独创性也成为今天人类不可回避的现实。可以说，在时间的推动下，AIGC 将越来越成熟。而对于人类而言，或许我们要准备的事情还有太多太多。

7.5　一场关于真实的博弈

今天，基于大模型的 AIGC 可以通过学习海量数据来生成新的数据、语音、图像、视频和文本等内容。在这些应用带来发展机遇的同时，其背后的安全隐患也开始放大——由于 AIGC 本身不具备判断力，其可能生成的虚假信息所带来的弊端会随着广泛应用而日益严重。

7.5.1　无法分辨的真和假

GPT 等大模型越完善、越智能，我们就越难区分其生成的内容是真实的还是虚构的。并且，GPT 模型生成的虚假数据极有可能被再次“喂给”机器学习模型，致使虚假信息进一步泛滥，用户被误导的可能性进一步增大，从而使获得真实信息的难度增加。

事实上，不少用户在使用 ChatGPT 时已经意识到，ChatGPT 的回答可能存在错误，甚至可能无中生有地臆造事实、臆造结论、臆造引用来源、虚构新闻等。面对用户的提问，ChatGPT 会给出看似逻辑自洽的错误答案。在法律问题上，ChatGPT 可能会虚构不存在的法律条款来进行回答。如果用户缺乏专业知识和辨别能力，这种“一本正经”的虚假信息很容易误导用户。OpenAI 在 GPT-4 技术报告中指出，GPT-4 和早期的 GPT 模型生成的内容并不完全可靠，可能存在臆造。

2023年就有网友发现，亚马逊网上书店有两本关于蘑菇的书籍为AI所写作的。这两本书的作者署名都为 Edwin J. Smith，但事实上，根本不存在这个人。经过软件检测，书籍内容的85%以上为AI撰写。更糟糕的是，它关于毒蘑菇的部分内容是错的，如果相信它的描述，可能会误食毒蘑菇。纽约真菌学会为此发文警告，提醒用户购买相关知名作者的书籍，毕竟这可能关系到生命安全。

除文本生成外，图片生成和视频生成也存在真假难辨的问题。作为一家支持AIGC的图片库，Adobe Stock 从2022年开始允许供稿人上传和销售由AI生成的图片，只是在上传时要标注“是否由AI生成”，成功上架后也会将该图片明确标记为“由AI生成”。除此要求外，提交准则与任何其他图像相同，包括禁止上传非法或侵权内容。

AI生成的内容不仅看起来很“真”，门槛还极低。谁都可以通过AIGC工具生成想要的图片或者其他内容，但问题是，没有人能承担这项技术被滥用的风险。

2023年以来，已经有太多的新闻报道了诈骗者利用AIGC工具伪造受害者家人的音频和视频，骗钱骗财。2023年4月20日，郭先生遭到利用AI技术换脸和换声后伪装熟人的诈骗，“好友”称自己在外投标需要高额的保证金，请求郭先生给“过渡”一下，转账430万元，然后郭先生在视频通话“有图有真相”的情况下，就没有多想地打款了。然后当他把这个转账成功的信息告诉他的朋友时，才发现自己是被诈骗了。

2024年2月，中国香港警方发现有诈骗分子利用人工智能深度伪造技术，诈骗2亿港元，引起了广泛关注。这不仅是损失惨重的“变脸”案例，也是首次涉及 AI“多人变脸”的诈骗案。据介绍，报案人为一间跨国公司职员，在 2024 年 1 月中收到该公司英国总部首席财务官的信息，声称要进行机密交易，分别邀请该公司数名财务职员进行多人的视频会议。由于各人在会议内均显示了与现实相同的容貌，职员并不觉得有诈，于是就按照视频会议的指示前后转账 15 次，合计 2 亿港币到 5 个本地银行户口。在转账完成之后，该职员联系总部查询，才知道自己被骗了。从目前公开的情况来看，诈骗者通过该公司的 YouTube 视频和从其他公开渠道获取的媒体资料，成功地仿造了公司英国总部高层管理人员的形象和声音，再利用 Deepfake（深度伪造）技术制作伪冒视频，造成多人参与视频会议的效果，然而会议内只有参加的职员一人为“真人”。

从文本到图片，再到音频和视频，这让我们看到，在人工智能时代，我们见到的照片和视频不一定是真的，我们听到的电话声音或者录音也不一定是真的，哪怕是在线的视频会议都可能是伪造的。因为只要我们在网络上有照片与声音、视频出现过，就能克隆我们的声音和形象。AIGC 工具通常从公开的社交平台如 YouTube、播客、商业广告、TikTok、Instagram 或 Facebook 等地方获取音频样本。随着 AI 技术的不断突破，以前，克隆声音需要获取被克隆人的大量样本。现在，只需几小段甚至几秒钟音频，就可以克隆出一个接近本人的声音。

7.5.2　真实的消解，信任的崩坏

当假的东西越真时，我们用以辨别的成本也越大，社会由此受到

的关于真实性的挑战也越大。

自从摄影术、视频、射线扫描技术出现以来，视觉文本的客观性就在法律、新闻及其他社会领域被慢慢建立起来，成为真相的存在，或者说，是建构真相的最有力证据。“眼见为实”成为这一认识论权威的最通俗表达。在这个意义上，视觉客观性产自一种特定的专业权威体制。然而，AIGC 的技术优势和游猎特征，使得这一专业权威体制遭遇前所未有的挑战。借助这一技术生成的文本、图片和视频，替换了不同甚至相反的内容，造成了内容的自我颠覆，也就从根本上颠覆了这一客观性或者真相的生产体制。

发明 PhotoShop 后，有图不再有真相；而 AIGC 技术的流行，则加剧了这一现象，甚至视频也开始变得“镜花水月”。对于本来就“假消息满天飞”的互联网来说，这无疑会造成进一步的信任崩坏。

不可否认，AIGC 技术为社会带来了更多的可能性，包括用于影视、娱乐和社交等诸多领域，它们的开源被用于升级传统的音视频处理或后期技术，带来更好的影音体验，以及加强影音制作的效率；或是被用来进一步打破语言障碍，优化社交体验。但在 AIGC 带来危机的当前，回应 AIGC 对社会真相的消解，弥补信任的崩坏，并对这项技术进行治理已经不可忽视。

2023 年 7 月 21 日，亚马逊、谷歌、微软、OpenAI、Meta、Anthropic 和 Inflection 这些人工智能头部公司参与了白宫峰会，为防范 AI 风险做出承诺。这 7 家公司将联合开发一种水印技术，在所有 AI 生成的内容中嵌入水印；还会开发一种检测工具，判断特定内容是否含有系统创建的工具或 API。谷歌表示，除水印外，还会有其他创新型技术来把关信息推广。

除技术上的努力外，法律的规制不可缺少。事实上，迄今为止，立法仍然滞后于 AIGC 技术的发展，并存在一定的灰色地带。由于所有的文本、照片、视频都是由人工智能系统从零开始创建的，任何的文本、照片、视频都可以不受限地用于任何目的，而不用担心版权、分发权、侵权赔偿和版税的问题。因此，这也带来了人工智能生成物的版权归属问题。

在人工智能时代，与 AIGC 的博弈是一个有关真实的游戏。AIGC 用超越人类识别力的技术，模糊了真与假的界限，并将真相开放为可加工的内容，供所有参与者使用。在这个意义上，AIGC 开启的是普通人参与视觉表达的新阶段，然而，这种表达方式还会结构性地受到平台权力的影响，也给社会带来了更大的挑战。

7.6　价值对齐的忧虑

随着 AI 大模型在各行各业进行应用，以及 AI 技术的持续迭代，关于 AI 是否会威胁人类的讨论也越来越多。

其实这样的讨论已有很多，甚至从 AI 技术诞生开始，就有人在担忧 AI 会不会取代人类，或者威胁人类的存在。

只不过，今天，AI 大模型的爆发，让这个问题一下子从抽象的讨论变得非常具体。我们必须思考，如何迎接即将到来的 AI 时代；必须面对，如果 AI 的性能达到人类水平甚至超越人类水平时，我们该怎么办。未来 AI 真的具有了意识的时候，人机冲突该如何解决。

OpenAI 于 2023 年 7 月，表示要成立一个“超级对齐”项目。所谓的超级对齐项目，本质是 Super-LOVE-alignment，超级“爱”对齐。这种爱是圣人之爱，是一种无关自我的对于人类的爱，是完全舍己为人类付出、包容人类、引导人类的无条件的大爱。项目所关注的，并不是 AI 是否有情感能力，而是 AI 是否有对人类真正的爱。其成立的原因，还是对于下一代更强大的 GPT 的担忧。

面对大模型可能给人类带来的风险和危机，有一个概念也被人们重新提起，那就是“价值对齐”。这其实不是一个新的概念，但这个概念放在今天好像特别合适。简单来说，价值对齐，其实就是让大模型的价值观和人类的价值观对齐，核心就是安全。

我们可以想象一下，如果不“对齐”，会有什么后果。哲学家、牛津大学人类未来研究所所长 Nick Bostrom 提过一个经典案例：如果我们给一个能力强大的超级智能机器布置一个任务，“制作尽可能多的回形针”，于是，这个超级智能机器就会不停地制作回形针，把地球上所有的人和事物都变成制作回形针的材料，最终摧毁了整个世界。

这个故事其实在古希腊神话里就描述过，说的是一位叫迈达斯的国王，机缘巧合救了酒神，于是酒神承诺满足他的一个愿望，迈达斯很喜欢黄金，于是就许愿，希望自己能点石成金。结果迈达斯如愿了，凡是他所接触到的东西都会立刻变成金子，但很快他就发现这是一场灾难，他喝的水变成了黄金，吃的食物也变成了黄金。

这两个故事有一个共同的问题，不管是超级智能机器还是迈达斯，都是为了达成自己的目的，但是在这个过程中缺少了一定的原则。

这就是为什么价值对齐这个概念在今天被重新重视的原因。AI 根本没有与人类同样的关于生命的价值概念。在这种情况下，AI 的能力越大，造成威胁的潜在可能性就越大，伤害力也就越强。

因为如果不能让 AI 与人类“价值对齐”，我们可能就会在无意中赋予 AI 与我们的目标完全相反的目标。比如，为了解决海洋酸化问题，AI 可能会耗尽大气中的所有氧气。这其实就是系统优化的一个共同特征：目标中不包含的变量可以设置为极值，以帮助优化该目标。

事实上，这个问题在现实世界中已经有了很多例子，2023 年 11 月，韩国庆尚南道一名机器人公司的检修人员被蔬菜分拣机器人误伤，原因是机器人把他当成需要处理的一盒蔬菜，将其捡起并挤压，而后他被送往医院，但因伤重不治身亡。

除此之外，一个没有价值对齐的 AI 大模型，还可能输出含有种族或性别歧视的内容，帮助网络黑客生成用于进行网络攻击、电信诈骗的代码或其他内容，尝试说服或帮助有自杀念头的用户结束自己的生命等。

好在当前，不同的人工智能团队都在采取不同的方法来推动人工智能的价值对齐。OpenAI、谷歌的 DeepMind 各有专注于解决价值对齐问题的团队。除此之外，还有许多第三方监督机构、标准组织和政府组织，也将价值对齐视作重要目标。这也让我们看到，让 AI 与人类的价值“对齐”是一件非常急迫的事情，可以说，如果没有价值对齐，我们就不会真正信任 AI，人机协同的 AI 时代也就无从谈起。

7.6.1 大模型向善发展

无论人类对于大模型的监管和治理会朝着怎样的方向前进，人类社会自律性行动的最终目的都必然也必须引导大模型向善发展。因为只有人工智能向善，人类才能与机器协同建设人类文明，人类才能真正走向人工智能时代。

事实上，从技术本身来看，大模型并没有善恶之分，但创造大模型的人类却有。并且，人类的善恶最终将体现在大模型身上，并作用于这个社会。

可以预见，随着人工智能的进一步发展，大模型还将渗透到社会生活的各领域并逐渐接管世界，诸多个人、企业、公共决策背后都将有大模型的参与。而如果我们任凭算法的设计者和使用者将一些价值观进行数据化和规则化，那么大模型即便是自己做出道德选择时，也会天然带着价值导向而并非中立。

此前，就有媒体观察发现，有美国网民对 ChatGPT 测试了大量的有关立场的问题，发现其有明显的政治立场，即其本质上被人所控制。比如，有用户要求 ChatGPT 写诗赞颂美国前总统特朗普，却被 ChatGPT 以政治中立性为由拒绝，但是该名用户再要求 ChatGPT 写诗赞颂美国总统拜登，ChatGPT 却毫不迟疑地写出一首诗。

说到底，大模型是人类教育与训练的结果，它的信息来源于人类社会。大模型的善恶也由人类决定。如果用通俗的方式来表达，教育与训练大模型正如同我们训练小孩一样，给它“投喂”什么样的数据，它就会被教育成什么类型的人。这是因为大模型通过深度学习“学会”如何处理任务的唯一根据就是数据。

因此，数据具有怎样的价值导向，有怎样的底线，就会训练出怎样的大模型，如果没有普世价值观与道德底线，那么所训练出来的大模型将会成为非常不利的工具。而如果通过在训练数据里加入伪装数据、恶意样本等破坏数据的完整性，进而导致训练的算法模型决策出现偏差，就可以污染大模型系统。

在 ChatGPT 诞生后，有报道说 ChatGPT 在新闻领域的应用会成为造谣基地。这种看法本身就是人类的偏见与造谣。因为任何技术的本身都不存在善与恶，只是一种中性的技术。而技术所表现出来的善恶背后是人类对这项技术的使用，如核技术的发展，被应用于能源领域就能服务人类社会，能够发电给人类社会带来光明，但是这项技术如果使用于战争，那对于人类来说就是毁灭与黑暗。因此，最终，大模型是会造谣传谣还是坚守讲真话，这个原则在于人。大模型由人创造，为人服务，这也将使我们的价值观变得更加重要。

过去，无论是汽车的问世，还是计算机和互联网的崛起，人们都很好地应对了这些转型时刻，尽管经历了不少波折，但人类社会最终变得更好了。在汽车首次上路后不久，就发生了第一起车祸。但我们并没有禁止汽车，而是颁布了限速措施、安全标准、驾照要求、酒驾法规和其他交通规则。

我们现在正处于另一个深刻变革的初期阶段——人工智能时代。这类似于在限速和安全带出现之前的那段不确定时期。今天，大模型主导的人工智能发展得如此迅速，导致我们尚不清楚接下来会发生什么。当前技术如何运作，以及人工智能将如何改变社会和作为独立个体的我们，这些都对我们提出了一系列严峻考验。

在这样的时刻，感到不安是很正常的。但历史表明，解决新技术带来的挑战依然是完全有可能的。而这种可能性，取决于人类。

很显然，人工智能的时代已经到来，由人工智能技术所引发的第四次工业革命正在发生。而这一次的工业革命给人类社会所带来的生产资料、生产工具、生产模式、生产效率的改变远超人类有历史以来的任何一次工业革命，人类一切有规律与有规则的工作都将被人工智能与机器人所取代，人类将会从商品生产的角色中被释放出来，我们将进入前所未有的人机协同时代。很显然，这个时代的变革是巨大的，对于人类的挑战也是前所未有的。

人类社会什么时候能够进入通用人工智能时代，目前很难给出准确的时间点，因为算力、机器幻觉与价值对齐等问题都还有待找到解决的方法。但在专业、垂直领域，或者说人工智能赋能各行各业提升效率已经是不争的事实，这也是正在发生的趋势。在第四次工业革命的浪潮中，人类将迎来新的商业文明，所有人都将有可能成为这波浪潮的受益者。

由人工智能所引发的变革正在到来，一切都将改变，你我准备好了吗？